中职学校服装专业创新系列教材

王士林　张文斌　主审

U0394228

服装陈列与展示

方　闻　主编

东华大学 出版社

·上海·

图书在版编目（CIP）数据

服装陈列与展示/方闻主编. —上海：东华大学
出版社, 2019.8
ISBN 978-7-5669-1619-8

Ⅰ. ①服… Ⅱ. ①方… Ⅲ. ①服装-陈列设计-中等
专业学校-教材 Ⅳ. ①TS942.8

中国版本图书馆CIP数据核字（2019）第160099号

责任编辑 吴川灵

服装陈列与展示
FUZHUANG CHENLIE YU ZHANSHI
方闻 主编

出版：东华大学出版社(上海市延安西路1882号，200051)
本社网址：http://dhupress.dhu.edu.cn
天猫旗舰店：http://dhdx.tmall.com
营销中心：021-62193056 62373056 62379558
电子邮箱：805744969@qq.com
印刷：苏州望电印刷有限公司
开本：889 mm×1194 mm 1/16
印张：13
字数：460千字
版次：2019年8月第1版
印次：2019年8月第1次
书号：ISBN 978-7-5669-1619-8
定价：58.00元

主　编：方闻

副主编：于珏

主　审：王士林　张文斌

参　编：宋丹　王利元　蒋黎文　吴佳美　赵立

★建议课时安排   建议课时数：38 学时

	任务活动	内 容	理论教学	操作实践	调研分析
任务一 陈列基础	学习活动 1	陈列概念学习	1		2
	学习活动 2	陈列实操（一）	1	2	
	学习活动 3	陈列实操（二）		3	
	学习活动 4	服装色彩组合	1	2	
任务二 卖场陈列	学习活动 1	陈列形态构成	2	2	1
	学习活动 2	人模展示陈列	1	3	
	学习活动 3	陈列组合构成形式	2	2	2
任务三 橱窗陈列	学习活动 1	橱窗的构造形式与选样原则	3	5	
	学习活动 2	橱窗陈列的构思技巧	3	5	
	学习活动 3	品牌陈列橱窗调研	1		4

前　言

国家教育部发布的《国家职业教育改革实施方案》指出：改革开放以来，职业教育为我国经济社会发展提供了有力的人才和智力支撑，现代职业教育体系框架全面建成。随着我国进入新的发展阶段，产业升级和经济结构调整不断加快，各行各业对技术技能人才的需要越来越紧迫，职业教育重要地位和作用越来越凸显。因此要严把教学标准和毕业学生质量标准两个关口，将标准化建设作为统领职业教育发展的突破口，完善职业教育体系，建立健全学校设置、师资队伍、教学教材、信息化建设等办学标准，落实好立德树人根本任务，健全德技兼修、工学结合的育人机制。

群益中等职业学校经过三十多年的建设，在硬件和软件的建设上都有长足进步，达到国家规定标准，于 2015 年成为全国中职示范院校。我校服装专业已建立能力上具有"双师"资格、学历上大都具有本科及硕士研究生学历的教师队伍，办学上采取与长三角时装产业紧密合作，注意应用产业发展的新技术新方法，使教学密切与生产实际相结合，坚持"产校合作"的办学理念。专业招生规模及学生培养质量都位列上海首位，逐步实现立足上海、服务长三角、辐射边疆的办学方向。

为贯彻教育部关于职业教育的相关指示，展示富有成效的教学案例，我校服装专业组织优秀教师和受邀校外专家编写了这套具有实用性、时尚性、技术性等特点的中职学校服装专业系列教材。本套教材共有五本，分别为《服装款式设计》《服装陈列与展示》《服装款式、结构与工艺——男西裤》《服装款式、结构与工艺——女衬衫》《服装面料设计》，由国内服装专业图书出版权威单位——东华大学出版社出版与发行。

本套教材有以下几个特点：

第一，具有创新性。相对于中职已有教材，本教材适应服装专业的教学改革需求，打破传统的款式、结构、工艺三者割裂的教材模式，将三者连贯起来，按服装品类将款式、结构、工艺相关的内容贯穿在同一本教材内，使得学生能更系统更深入地学习同一服装品类的相关专业知识。

第二，具有时尚性。相对于中职已有教材，本教材摒弃了现代服装产业已不用或少用的技术手法，款式设计思维及所举的案例都是紧贴市场、具有时尚感的部件造型及整体造型，使读者开卷感受到喜闻乐见的时代气息和设计的时尚感。

第三，具有实用性和理论性。本教材除了秉持中职教材必须首先强调实用性的同时，注意适当加强专业整体内容的理论性，即让学生既能学到产业中实用的设计与制作方法，又能学到贯穿于其中的理性的有逻辑联系的规律，使学生在今后的工作中有理论的上升空间。

本套丛书从形式到内容都是中职服装教材的一种创新。该书不仅可以作为中职院校服装专业学生的教学用书及老师的教学参考书，也可作为服装产业设计与技术人员的业务参考书。期待它能起到应有的作用。

本套丛书组织了本专业的相关责任教师进行编写工作。《服装款式设计》由蒋黎文主编，《服装陈列与展示》由方闻主编，《服装款式、结构与工艺——男西裤》由谢国安主编，《服装款式、结构与工艺——女衬衫》由吴佳美主编，《服装面料设计》由于珏主编。本套丛书由东华大学服装与艺术设计学院张文斌教授等主审，参加编审工作的还有东华大学服装与艺术设计学院李小辉副教授、常熟理工学院王佩国教授和郝瑞闵教授、厦门理工学院郑晶副教授和王士林副教授等。此外，对参与本书编辑出版工作的东华大学出版社吴川灵编审及相关人员表示衷心的感谢。

本套丛书的出版是我们的努力与尝试，意图抛砖引玉。由于我们学识有限，编撰难免有不当之处，诚请相关产业及院校同仁给予指教。

系列教材编委会

2019 年 8 月

目　录

小雨的故事 / 1

人物介绍 / 2

◤任务一　陈列基础 / 3

学习活动 1　陈列概念学习 / 4

学习目标 / 4

学习准备 / 4

小雨的故事 / 4

学习过程 / 6

1. 你知道什么是服装陈列吗？ / 6

2. 服装陈列是怎样出现的？陈列在服装销售中有哪些作用呢？ / 6

3. 国内外服装陈列现状 / 7

4. 同学们回想一下，你们在买东西的时候是怎样的心理过程？为什么陈列可以促进销售呢？ / 7

5. 你知道陈列人员需要哪些技能，需要学习哪些知识吗？ / 8

作业布置 / 10

学习活动 2　陈列实操（一） / 11

学习目标 / 11

学习准备 / 11

小雨的故事 / 11

学习过程 / 13

1. 服装店铺出现的陈列道具有哪些? / 13

2. 如果现在让你整理并陈列某服装店内一部分衣服,你在把衣服陈列出来
   给顾客看之前还需要做些什么呢? / 22

3. 教师示范蒸汽熨斗及挂式蒸汽熨烫机的使用流程 / 25

4. 实践操作 / 26

5. 实践方法 / 26

评价与分析 / 26

作业布置 / 27

学习活动 3　陈列实操(二) / 28

学习目标 / 28

学习准备 / 28

小雨的故事 / 28

学习过程 / 30

1. 同学们在服装店里经常看到这样整齐的叠装陈列吧? 它在陈列时使
   用得非常广泛,你想知道它是怎么叠的吗? / 30

2. 服装店中陈列的人体模特衣服如何穿上去? 和我们真人穿衣方式一
   样吗? / 35

评价与分析 / 41

作业布置 / 41

学习活动 4　服装色彩组合 / 42

学习目标 / 42

学习准备 / 42

小雨的故事 / 42

学习过程 / 44

1. 在服装店铺的陈列中，优秀的陈列色彩搭配能起到吸引顾客的作用，
   让店铺看起来整齐却不单一，并能让顾客感到内心的共鸣。你知道服
   装店内陈列色彩如何配置吗？/ 44

2. 服装陈列色彩的基础知识 / 45

3. 服装陈列色彩配置方法与技巧 / 46

4. 教师示范讲解陈列色彩配置的方法与技巧流程 / 49

评价与分析 / 49

作业布置 / 50

▶ **任务二 卖场陈列** / 51

学习活动 1 陈列形态构成 / 52

学习目标 / 52

学习准备 / 52

小雨的故事 / 52

学习过程 / 54

1. 在卖场陈列中，服装的陈列方法有叠装陈列和挂装陈列两种，什么是
   叠装陈列和挂装陈列呢？/ 54

2. 叠装陈列的陈列方法有哪些？/ 55

3. 挂装陈列的陈列方法有哪些？/ 57

4. 叠装陈列中有哪些陈列规范？/ 61

5. 侧挂陈列中有哪些陈列规范？/ 63

6. 课内实训 / 65

作业布置 / 67

学习活动 2　人模展示陈列 / 69

学习目标 / 69

学习准备 / 69

小雨的故事 / 69

学习过程 / 71

1. 人模陈列的规范有哪些? / 71

2. 人模服装色彩陈列的方法有哪些? / 72

3. 人模的配置方法有哪些? / 74

4. 配置时注意事项 / 81

5. 人模组合综合项目训练（范例）/ 81

作业布置 / 84

学习活动 3　陈列组合构成形式 / 87

学习目标 / 87

学习准备 / 87

小雨的故事 / 87

学习过程 / 89

1. 卖场陈列中，有哪些陈列构成形式法则? / 89

2. 卖场陈列中，有哪些陈列构成形式? / 95

3. 陈列组合构成形式项目训练 / 101

作业布置 / 104

▼**任务三　橱窗陈列** / 107

学习活动 1　橱窗的构造形式与选样原则 / 108

学习目标 / 108

学习准备 / 108

小雨的故事 / 108

学习过程 / 110

1. 橱窗陈列的由来和意义 / 110

2. 橱窗的形式有哪几种？/ 110

3. 橱窗陈列的选样原则是什么？/112

4. 课内实训 / 114

作业布置 / 117

学习活动 2　橱窗陈列的构思技巧 / 119

学习目标 / 119

学习准备 / 119

小雨的故事 / 119

学习过程 / 121

1. 橱窗陈列的构思方法有哪几种？/ 121

2. 橱窗的陈列风格有没有什么不同呢？/ 129

3. 橱窗设计的基本流程 / 133

4. 课内实训与作业 / 136

学习活动 3　品牌陈列橱窗调研 / 148

学习目标 / 148

学习准备 / 148

小雨的故事 / 148

学习过程 / 150

1. 陈列知识我们不是都学了吗？为什么还要去做陈列调研呢？/150

2. 完成陈列调研任务到底有多大必要性呢？/150

3. 在做服装品牌陈列调研时需要对哪些基本内容开展调研？/150

评价与分析 / 151

作业布置 / 151

附录 1 优秀橱窗陈列作品欣赏 / 153

附录 2 学生作品展示 / 168

附录 3 品牌陈列橱窗调研案例 / 179

参考书目 / 195

小雨的故事

小雨是一名中职学生，她充满青春活力，朝气蓬勃，她热爱生活，并热爱所有美好的事物。尤其是漂亮的衣服，她更是爱不释手！她一直有一个梦想和计划，希望有朝一日能够经营一家自己的服装店。于是，她在进入职校时选择了服装专业。在学校小雨学习了很多服装专业知识，学会了制作各类有趣的小布艺作品，学会了识别各种各样的面料辅料，甚至学会了给自己设计制作一件漂亮的裙子或衬衫。但是她觉得以现在所学来经营一家服装店还是远远不够的！

小雨平时和其他女孩一样很喜欢逛街，她看到上海街头各类品牌店，特别是国内、外大牌服装品牌店的展示布置，风格各异，十分吸睛赏心悦目。小雨感觉到经营一家服装店，陈列展示也非常重要，似乎陈列效果好的商品才卖得更好。

带着这些思考，小雨在群益职校的学习已进入了第二个学年，刚好学校开设了服装陈列与展示课程！开学的第一次陈列课上，小雨和全班同学带着兴奋的心情和对服装陈列知识的渴望认识了方老师……

人物介绍

> 大家好！我是小雨。这学期我将和你们一起学习服装陈列与展示课程。我梦想能经营一家自己的小服装店，你们和我一样吗？

> 大家好！我是方老师。我将引导大家学习服装陈列与展示。希望我可以成为你们的良师益友！

任务一　陈列基础

学习目标

- 了解什么是服装陈列，服装陈列的起源和作用，国内外服装陈列现状
- 了解服装销售中陈列对顾客有哪些心理影响，陈列人员应具备的基本素质
- 了解服装店铺内常见的陈列道具
- 学会使用蒸汽熨斗及挂式蒸汽熨烫机(挂烫机)

建议学时：12 课时

工作情境描述

　　小雨为了更好地学习服装陈列，业余时间来到一家服装品牌店铺做兼职店员。店铺主管把小雨安排在女装区，让小雨先熟悉一下店铺的环境，并且在下班后负责给店铺所有的模特按陈列要求更换服装（每周两次）。

工作流程与活动

　　活动 1：陈列概念学习
　　活动 2：陈列实操（一）
　　活动 3：陈列实操（二）
　　活动 4：服装色彩组合

学习活动 1
陈列概念学习

- 了解什么是服装陈列，服装陈列的起源和作用，国内外服装陈列现状
- 了解服装销售中陈列对顾客有哪些心理影响，陈列人员应具备哪些基本素质

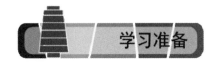

电脑、PPT 课件、工作页、实训手册

小雨的故事
STORY

　　小雨应聘到一家服装品牌店做兼职店员。今天是小雨上班的第一天，店铺主管先带着小雨在店铺转了一圈，介绍了正在销售的服装系列，察看了货架的陈列情况及海报广告的位置，让小雨感受了一下店铺的经营氛围。小雨细心地观察每一个道具的摆放，也观察进出的顾客人群和他们的逛店习惯。

我周末在一家服装品牌店兼职，我很想学习店铺是如何布置的？怎样才能吸引更多的顾客进店？

这是很好的一种学习方法，你可以及时运用课堂上学习的知识，更好地运用到你的工作实践。陈列是一门视觉艺术，充满美感的店铺陈列是品牌最直接的广告，陈列工作是品牌营销中的重要一环。

预习活动：阅读课本引入篇"小雨的故事"。

认识课本人物：小雨、方老师，了解她们的角色定位。

1. 你知道什么是服装陈列吗？

服装陈列是商品陈列中的一个分支。从字面理解是对服装有序地进行展示或摆放；更深一层理解是对服装、道具、模特、货架、灯光、通道、橱窗、广告展板等一系列店铺要素进行有组织的规划。它涉及知识学科范围较广，是一门创造性很强的视觉营销艺术。它利用各种艺术技巧使服装商品信息吸引并传达给消费者，进而达到促进商品销售的目的。

2. 服装陈列是怎样出现的？陈列在服装销售中有哪些作用呢？

服装陈列的出现，要从世界上第一家服装店开始说起。1845 年，年仅 20 岁的英国裁缝查尔斯·沃斯来到巴黎寻求发展。他说服自己的面料老板经营时装生意，并由他主持设计，把时装生意做得火热。他于 1858 年在巴黎和平街 7 号与人合伙开设了世界上第一家为顾客量身订制的时装店。他将自己的设计作品摆放在店铺中吸引巴黎的贵妇来挑选。为了更好地展示新款时装和造型风格，他还特别对店铺环境和时装进行精心布置，并把自己的名字缝在时装上，以较高的价格销售。服装陈列的雏形就此诞生了。

从此故事中可见服装陈列对服装起到什么作用？结合当下服装陈列和服装品牌的关系，总结以下几方面：

（1）展示商品价值：陈列师通过店铺环境的科学规划，以及对服饰的精心搭配，把商品的优点，美学价值，或功能价值展示出来，使顾客能全面认识商品。

（2）促进产品销售：通过产品陈列的搭配展示，将单件的服饰相互组合搭配，体现出完整的着装状态，将最靓丽、最受消费者欢迎的服饰形象展示给顾客，从而能够达到扩大展销售的目的。

（3）提升品牌形象：好的陈列展示能展现品牌文化形象，能充分表现品牌所特有的文化和内涵，传递给顾客更深刻的、美好的印象，甚至能引导消费者的价值观念和生活方式，使品牌文化深入人心，并形成黏性顾客群。

3. 国内外服装陈列现状

国内品牌	国外品牌
以产品陈列为主，强调商品销售目的	以主题陈列为主，更突显品牌价值文化的传递
不太注重橱窗设计，投入资金有限	尤为注重橱窗设计，力求通过橱窗传递品牌及产品价值
主题创意尚可，但与品牌文化契合度低	注重陈列主题的创意表达，主题鲜明，与品牌文化比较契合
店铺陈列更换周期较长	店铺陈列更换周期短，商品位置、橱窗更换快，给人常来常新的感觉
店铺陈列灯光设计、平面规划、道具设计等专业模糊，设计服务基本外包，缺少品牌文化注入	店铺陈列灯光设计、平面规划、道具设计等专业度高，分工明确，提倡协作

4. 同学们回想一下，你们在买东西的时候是怎样的心理过程？为什么陈列可以促进销售呢？

在购买时，我们都会有一个"注意（看见商品）"到"行动（购买商品）"的过程，市场营销学中经典的 AIDMA（爱玛）法则把这一过程归纳为七个心理阶段。

（1）ATTENTION（注意）

（2）INTEREST（兴趣）

（3）THINKING（联想）

（4）DESIRE（欲望）

（5）COMPARE（比较）

（6）TRUST（信赖）

（7）ACTION（行动）

由此，商品陈列也需要满足这一系列的心理阶段，达到销售的目的。

在吸引"注意"这点上，心理学研究表明，人所接受的全部信息当中，有83%源于视觉，11%来自听觉，其余6%来自嗅觉、触觉和味觉。而服装陈列正是强调视觉营销策略的艺术，可见其在产品销售中的主导位置。

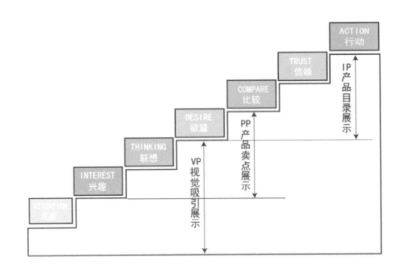

图 1-1-1　服装陈列展示的阶梯概念图

5. 你知道陈列人员需要哪些技能，需要学习哪些知识吗？

服装陈列师，也称为视觉陈列师，19世纪末发源于美国，在欧美地区已是一个相当成熟的职业，在时尚界被喻为"卖场魔术师"。中国的陈列起步较晚，但发展很快，目前许多设计类院校都有陈列课程，是设计学科的一个专业方向，大多数服装陈列师都是学艺术或设计出身的。

陈列决定了服装的直观形象，与品牌形象息息相关，陈列师的个人素养已成为品牌营销的重要一环。

陈列师既是一名设计师，也是一名协调者，又是一名管理者，还是一名执行者。陈列师主要负责为品牌提供最佳的、最容易操作的、最能帮助品牌实现销售的视觉提案，以及视觉提案的后续执行与监督方法。

陈列师需要哪些技能呢？

（1）一定的审美能力

具有美术基础，对色彩具有高度敏感性，对空间有人机工程学知识，同时需不断地提升自己的文学修养和艺术修养。

（2）熟悉服装基础知识

了解服装的风格、历史、面料、搭配，服装道具的用途，时尚的趋势。有一定的市场洞察力，能通过市场调研分析卖场销售情况。

（3）掌握陈列相关知识

熟悉陈列的基本风格，常见的陈列方法与技巧。善于捕捉陈列流行趋势，结合品牌的理念和营销规划，根据卖场实际情况策划陈列方案。

（4）了解消费心理学

了解目标顾客的消费心理、购物习惯、人体工程学等，从而设计出促进消费的陈列方式。

（5）了解营销知识

陈列是品牌推广的一种视觉提案，属于卖场终端营销，因此了解品牌营销策略，对陈列工作起着至关重要的作用。

（6）具有沟通能力

陈列师是一个设计师，更是一个管理者。设计师为能提供最佳的视觉提案，需要与品牌的设计、销售、管理等部门多方面沟通。

（7）好的执行力

陈列师需要有很好的陈列执行力，在新店开业、换季的时候，为了保证商场的正常运营，都需要按时完成卖场的陈列任务。

（8）创新思维能力

陈列设计是服装、陈列创意的融合，是陈列师个人风格追求、自我价值实现提升的过程。

表1-1-1　调研作业

陈列与销售综合调研项目	
任务次序	任务安排
1	逛街，记录一次自己的购买心理
2	观察并记录下你认为有效的销售手段
3	谈谈这些销售手段与陈列的关系
4	分析自己具备的专业和综合素质
5	如何完善自我成为优秀的陈列师

任务要求：

（1）在日常生活中用心体会陈列与销售的关系

（2）时刻记录下你认为有效的营销方法

（3）了解销售对陈列的要求

个人小结：

　　通过这次调研了解……

　　掌握……知识

　　发现……问题

学生姓名：小雨

学习活动 2
陈列实操（一）

- 了解服装店铺内常见的陈列道具
- 掌握蒸汽熨斗及挂式蒸汽熨烫机（挂烫机）的使用流程

电脑、PPT 课件、蒸汽熨斗、挂烫机、烫台、白坯布、白手套、拷贝纸、各类陈列货架及道具

小雨的故事
STORY

　　在兼职的几天里，小雨认识了店铺中的道具，从挂放服装的各种衣架，到堆放大批商品的展柜，再到姿态各异的模特。把服装平整地展示在各种道具上，少不了熨烫这道工序。这段时间服装陈列课程正好在教熨斗的使用方法，小雨专心致志地跟着方老师学习不同熨烫设备正确的熨烫方法及流程。

店铺中有各种陈列道具，挂放上装、下装的衣架也各不相同，它们都有哪些不同作用呢？运输到店铺的商品通常都有折痕，应该怎样熨烫平整？哪些服装需要用蒸汽熨斗，哪些服装可以使用挂烫机？

这节课我们就要认一认店铺中必备的陈列道具。熨烫是平整服装的常用方法，上课时我会详细演示熨烫的步骤。

1. 服装店铺出现的陈列道具有哪些？

图 1-2-1　店内服装陈列

在服装陈列中，陈列者的构思往往需要借助陈列道具的配合才能呈现出来。道具不仅是服装陈列中不可或缺的承载实体，而且其色彩、材质、造型往往是构成陈列风格的重要因素。

（1）衣架

衣架是服装陈列中应用最基础的道具，主要用于吊挂式陈列。不同品类的服装有相应功能的陈列衣架，通常包括裤子衣架、裙子衣架、上衣衣架以及套装衣架等。裤子、裙子衣架一般是夹式，上衣衣架的肩部带有弧度，套装衣架是上衣衣架和裤裙衣架的组合。

衣架在满足功能的前提下，在色彩、质地上有许多变化。比如高档服装的衣架选择深色天然木质衣架，突显其品质感；年轻、前卫的服装的衣架大多选择明度高的色彩或金属色、树脂材料的衣架来衬托服装的轻巧、便捷性。

衣架的选用除了要考虑不同的服装品类，还要能满足不同服装款式的展示设计需求。如深V领或阔开领上衣，因款式的特点在取放时容易滑落，应选择肩部有防滑材料的衣架；男士西服衣架的肩部要符合人体肩部结构，以防止服装悬挂变形；女士吊带裙、吊带背心等应选择有防滑钩的衣架（图1-2-2～图1-2-9）。

图 1-2-2　防滑衣架

图 1-2-3　金属衣架

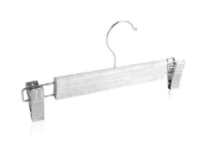

图 1-2-4　裤架

图 1-2-5　木质衣架

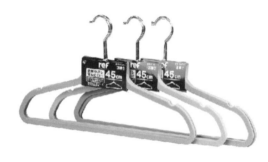

图 1-2-6　树脂衣架

图 1-2-7　塑料衣架

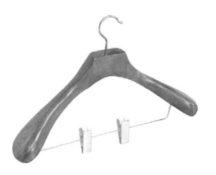

图 1-2-8　西服套装衣架

图 1-2-9　有防滑勾的衣架

（2）人台和人体模特

人台和人体模特是立体展示服装的道具。人台比人体模特造价低，常用于中低档商品陈列或是特别场景或气氛的营造。人体模特在陈列中运用广泛。

人体模特主要有全身模特、半身模特和局部模特，用于展示不同的服装。单独的上装或下装展示可以选择半身模特；需要整体形象展示的则选用全身模特；局部模特常用于展示饰品，如颈模一般用于展示项链、丝巾等，头模用于展示帽子、头巾等，手模多用于手镯、手链、戒指等展示，脚模多用于鞋袜的陈列。

从造型上分，人体模特有仿真和抽象等形式。

①仿真模特也称拟人模特，姿态自然，动作逼真，手脚等均符合人的关节活动原理，常用于橱窗、店内主要销售商品的陈列。仿真模特也有多种风格。

②抽象模特也称作意向模特。常见的有黑色、灰色等，与仿真模特比更具有雕塑感，比较抽象，有的面部五官、肢体比例、造型动作都有夸张甚至失真，是一种另类的表现方式，前卫、年轻的品牌选用较多。

 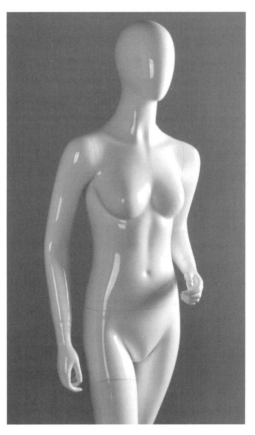

图 1-2-10　仿真模特（拟人模特）　　　　图 1-2-11　抽象模特

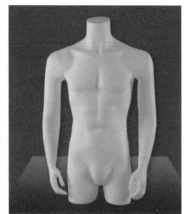

图 1-2-12 局部人体模特

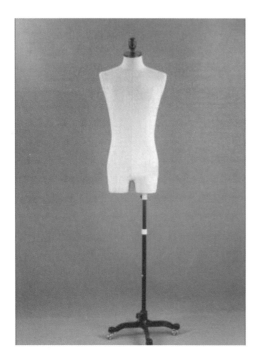
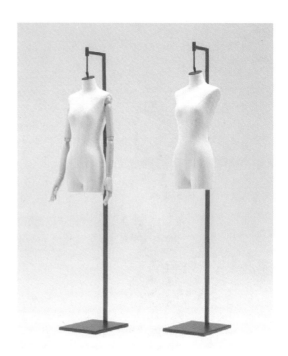

图 1-2-13 服装人台

（3）展架

服装陈列展示中常用的展架类道具有挂通、龙门架、T 形架、象鼻架（象鼻钩）。挂通和龙门架可以陈列较多数量的服装,陈列效率高但展示效果较差,顾客只能看到服装的侧面效果。挂通和龙门架通常放置在展示空间的边缘靠墙位置。象鼻架用来展示服装的正面效果,单件服装展示效果好,但陈列效率低。服装展示中通常将几种展架结合使用,以弥补各种展架的不足,优势互补,丰富展示空间内容。

挂通

图 1-2-14　挂通

图 1-2-15　龙门架

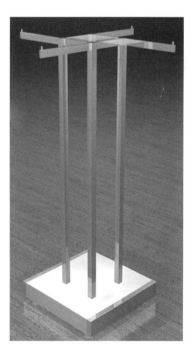

图 1-2-16　T 形架

图 1-2-17　象鼻架

（4）展柜

展柜是陈列、收纳商品的基本道具。同时还具有分隔空间的作用，也常用于空间结构布局。展柜有开放式和封闭式两种，一般由木质或金属等不同材料组成。开放式展柜通常放置折叠好的商品，空间利用率高，顾客和销售人员拿取商品方便；封闭式展柜将展品与人隔离，有一定的保护功能，同时产生距离美，一般摆放贵重的商品，如珠宝首饰等商品。

展柜的高度一般是最方便顾客拿取的高度，通常在60～160厘米。如果高于160厘米，则不利于拿取，适合摆放非主要销售商品或展示用辅助性商品。

图 1-2-18　封闭式展柜

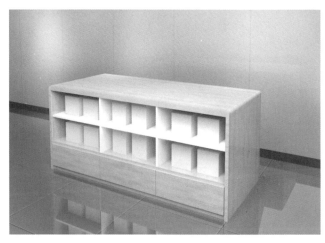

图 1-2-19　开放式展柜

（5）展台

展台也称流水台，是服装陈列展示中最重要的道具之一。它的形态有很多种，比较常见的有长方形、方形、圆形、S 形等。展台常用于平面展示服装和服装整体搭配的效果，或陈列人体局部模特，展示服装单品。

图 1-2-20　长方形展台

图1-2-21　层叠形展台

图1-2-22　圆形展台

（6）中岛

中岛是展柜、展台、展架的组合，可以包括小型挂通、象鼻架、T形架和层板，也可以包括展台和展柜。通常摆放在服装店中间，灵活性大，可以根据不同季节的产品色彩、数量、风格调整道具的数量和高度。也可以在店内设置几个不同主题的中岛，吸引顾客停留、选购。

组合形成的中岛

层叠式
的中岛

半封闭
式的中岛

组合式
中岛

图 1-2-23　各种类型的中岛

2. 如果现在让你整理并陈列某服装店内一部分衣服，你在把衣服陈列出来给顾客
看之前还需要做些什么呢？

我们都有这样的购物体会，不平整的服装陈列在货架上，会有廉价的感觉。好的陈列，第一要素就是整洁。经过运输、折叠的服装多会有折痕，不能马上挂在陈列架上，必须要熨烫褶皱，使服饰平整。店铺中常用的设备有蒸汽熨斗和挂式蒸汽熨烫机。

● 蒸汽熨斗的使用流程（以衬衫的熨烫为例）

准备工作。将熨斗注水后擦干，与电源连接，根据面料特性调节适宜水温，展平服装，待指示灯灭后准备熨烫。

以下步骤见图示。

★提示：如果熨烫衬衫，需要将所有的扣子解开，袖口熨烫顺序要顺着一个方向从上往下熨，熨烫时手要抓着衣服下方使衣片顺直，在熨到底部时松手即可，从内侧把熨头反过来熨衬衣的背面。

第一步

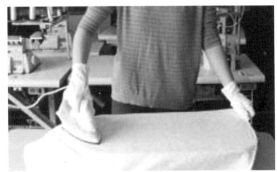

第二步

第三步

第四步

第五步

第六步

第七步

第八步

图1-2-24　蒸汽熨斗的使用流程（以衬衫的熨烫为例）

● 挂式蒸汽熨烫机(挂烫机)的使用流程（以T恤的熨烫为例）

准备工作。将电源插头从挂烫机上取下插入插线板中,将蒸汽挂烫机的两个开关全部打开,切勿用脚踢开关。

（1）将要熨烫的T恤挂在挂烫机挂架上,领子的扣子打开,正面对着自己。

（2）从T恤前身片外侧开始整烫,一手持着下摆,一手用整烫机喷气头自上而下进行整烫,着重在褶皱部分。

（3）把整烫机喷气头从下摆处深入T恤内部，喷气头朝外面，自上而下整烫褶皱部分。

（4）把T恤转到后背位置，如第二步一手持着下摆，一手用整烫机喷气头自上而下整烫褶皱部分。

（5）把整烫机喷气头从下摆处深入T恤后背部，喷气头朝外面，自上而下整烫褶皱部分。

（6）手持袖口，用整烫机喷气头整烫袖子。

（7）整烫喷气头从袖口伸入，手持袖口，继续整烫褶皱。两侧袖子方法一致，直到整烫完成（图1-2-25）。

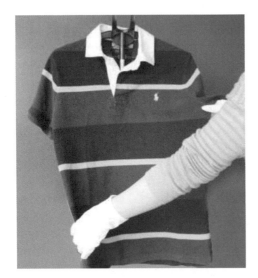

第一步

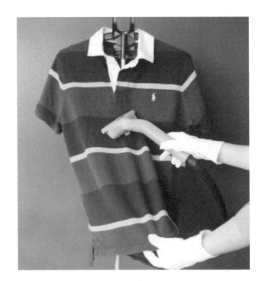

第二步

第三步

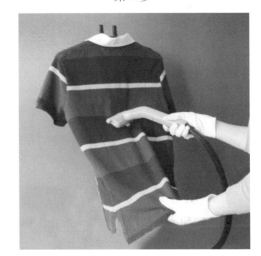

第四步

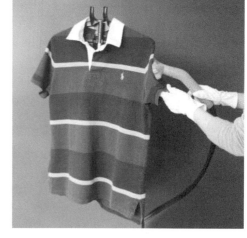

第五步   第六步

第七步

图 1-2-25 挂式蒸汽熨烫机(挂烫机)的使用流程（以 T 恤的熨烫为例）

3. 教师示范蒸汽熨斗及挂式蒸汽熨烫机的使用流程

● 蒸汽熨斗（以衬衫的熨烫为例）

（1）准备工作：熨斗注水，连接电源，适宜温度，等待熨烫。

（2）熨烫顺序：右门襟→后衣身→左门襟→下摆→袖筒→袖口→衣领。

（3）熨烫方法：采用顺向压熨的方式仔细熨烫至无痕。

（4）注意事项：消除因包装形成的衣褶，保证熨后系紧袖扣时，袖口自然状态下呈圆柱形。衣领的中间不能熨烫，也不能将衣领展平熨烫，所有的衬衫衣领都是有弧度的，不然衣领就会变形。

● 挂式蒸汽熨烫机（以T恤的熨烫为例）

（1）准备工作：连接电源，打开电源，调试蒸汽大小，解开衣服上所用的扣子（包括袖子上的扣子）。

（2）熨烫方法：熨烫要顺着一个方向从上至下地熨，熨烫时手要抓着衣服下方使衣片顺直，在熨到底部时松手即可，从内侧把熨头反过来熨衬衣的背面。

（3）注意事项：挂式蒸汽熨烫机的蒸汽量较大，在使用过程中要求佩戴手套，手不要直接接触出蒸气的烫头，以免烫伤！

4. 实践操作

布置课堂练习：用蒸汽熨斗和挂式蒸汽熨烫机分别熨烫两件服装。

5. 实践方法

● PPT同步播放蒸汽熨斗及挂式蒸汽熨烫机熨烫过程录像，学生在实践过程中如果忘记可以观看视频二次学习。

● 学生按照教师示范的每一个步骤进行实践，在实践过程教师提醒学生需要做的内容、步骤和方法，以及为什么要这样做。

● 提醒学生在实践过程中注意熨烫顺序和熨烫安全。

● 同组同学可以相互提醒和彼此学习、讨论。

 评价与分析

1. 学生根据教师所给的工作任务书，与教师示范的使用流程比较，自评自己的使用感受，并记录于工作页。

2. 小组同学一起讨论实践成果，并推荐一名学生进行熨烫比赛。

表1-2-1　实操作业

蒸汽熨斗实操作业	
任务次序	任务安排
1	熨烫女裤一款（如果是西裤，需要熨烫出前后的挺缝）
2	熨烫连衣裙一款

任务要求：

1. 女裤如果是西装裤，就要注意熨烫出它前后的挺缝

2. 对应材料，温度调节须特别注意，一定保证是对应材料的熨烫温度

3. 注意遵循服装的整烫步骤

个人小结：

　　通过这次实操了解……

　　掌握……方法

　　发现……需要重点注意的问题

学生姓名：小雨

学习活动 3
陈列实操（二）

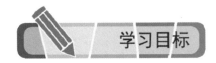

- 了解服装陈列中叠装的基本方法
- 熟练服装陈列中人模的拆装流程
- 掌握人模穿衣的基本方法与技巧

陈列用衬衫、T恤、裤子、人体模特、拷贝纸、PPT课件、白手套、垫布等

小雨的故事
STORY......

　　方老师很关心小雨在店铺兼职的情况。小雨表示每天最大量的工作就是整理服装，尤其是T恤和衬衫，为了保持整体感、序列感和美感，顾客挑选过的服装需要不停地重新叠。服装店铺主管布置了新的工作，就是每周给模特换衣服。一接触到人模，小雨就发现问题啦，模特可不会弯手、屈腿来配合穿衣，给模特穿衣一定要先考虑好步骤。

展柜，展台上的服装放得很整齐，是怎样叠出这么有型的呢？人台模特并不能像我们一样伸手、抬腿，如何给它们穿衣服呢？

叠装可以说是陈列师的基本功，根据不同的空间大小，需要叠成不同的宽度和长度。模特穿衣也是我们将要学习的重要一课。

1. 同学们在服装店里经常看到这样整齐的叠装陈列吧？它在陈列时使用得非常广泛，你想知道它是怎么叠的吗？

图 1-3-1　叠装陈列

（1）衬衫的折叠方法步骤(图 1-3-2)

①准备一张足够大的拷贝纸。

②将拷贝纸正确地折成规定尺寸，备用。

③将衬衫后身向上平铺，确保扣子扣好，衣服平整。

④在衬衫的后背位置摆放拷贝纸，注意左右对称。

⑤将衬衫一边向中心折叠，袖子翻叠平贴于本边的衣片上。

⑥同样将衬衫另一侧及袖子折叠平整。

⑦从衬衫下摆处往上五分之一处向上折叠，并保证折叠处平整。

⑧以肩部至下端二分之一位置继续向上对折，确保领子可以从这边看到。

⑨把衬衫翻转过来，正面朝上，整理衣领，抚平衣片上褶皱。能实现正面平整，侧面平整，正立面平整。

★提示：　叠装中每件服装的长度和宽度须相同；长度和宽度依据陈列空间大小而定。

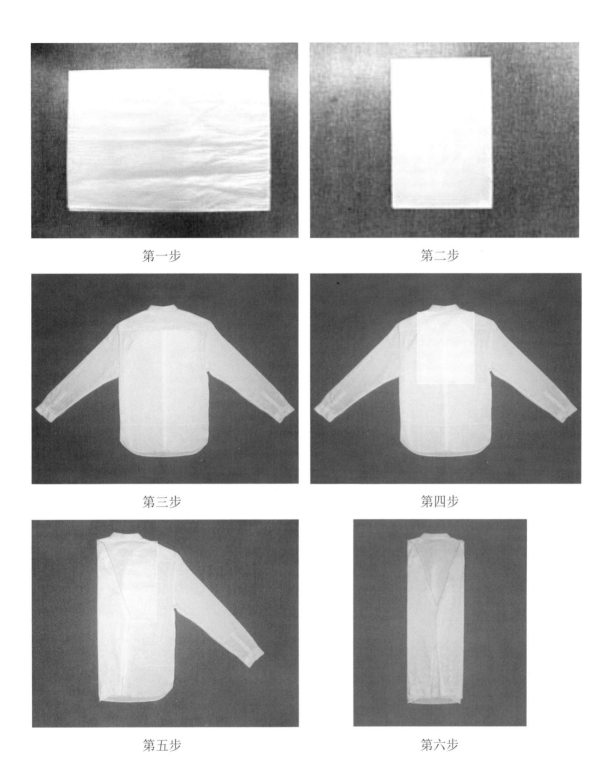

第一步 第二步

第三步 第四步

第五步 第六步

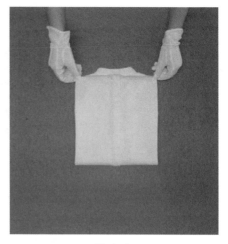

第七步   第八步

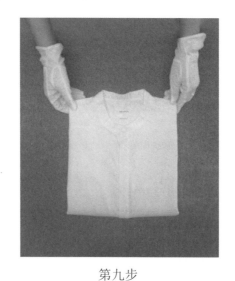

第九步

图1-3-2　衬衫的折叠方法

（2）T恤的折叠方法步骤（图1-3-3）

①将T恤后身向上放置在操作面上，捋平褶皱。

②捏住T恤左边肩部从领口向袖子4～5cm位置，向中心折叠铺平。

③同样另一边也向中心折叠，折叠过程中注意左右两边折叠大小均等，折叠处对齐和平整。

④从T恤下摆向上大概五分之一处向上折叠，并整理折叠处。

⑤从肩部至下端部分二分之一处对折，并整理折叠处。

⑥将T恤翻转过来，把领子周围抚平，保证折叠方正、工整，并完成。

★提示：　叠装中每件服装的长度和宽度须相同；长度和宽度依据陈列空间大小而定。

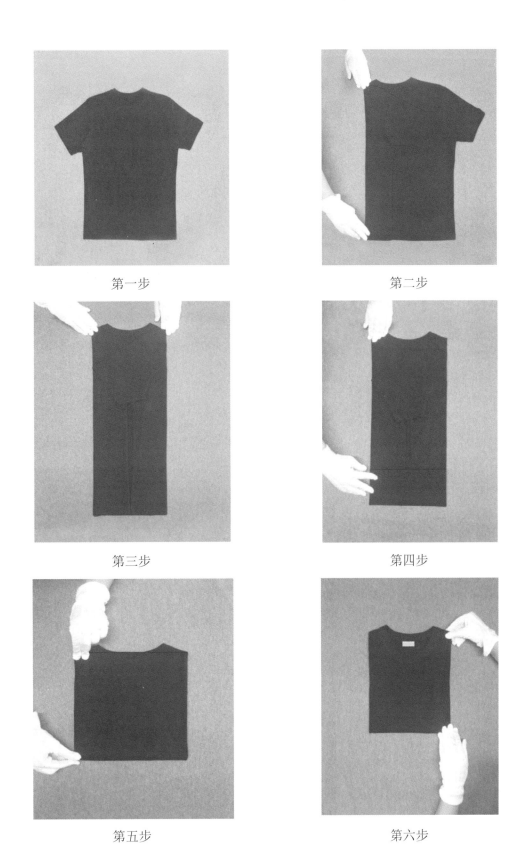

第一步 第二步

第三步 第四步

第五步 第六步

图 1-3-3　T 恤的折叠方法

（3）裤子的折叠方法步骤（图 1-3-4）

①将牛仔裤两腿分开，正面平整放置于工作面上。

②牛仔裤左右裤腿正面相对折叠，使裤腿完全重叠对齐，突出的裤裆（三角形）向裤腿折叠，整体成长方形。

③从裤脚向上小于三分之一处向上折叠，并保证折叠处平整。

④在现有裤子长度二分之一处向上对折，注意折上去的部分别超过腰头部位，并保证对折处平整。

⑤把裤子翻转过来，放于工作面上，整理检查折叠是否平整规范。

★提示： 叠装中每件服装的长度和宽度须相同；长度和宽度依据陈列空间大小而定。

第一步

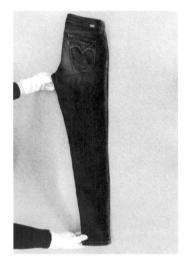
第二步

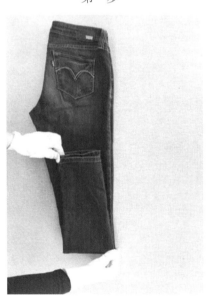
第三步

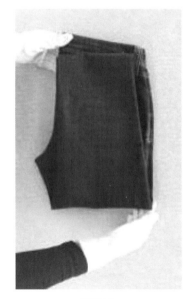
第四步

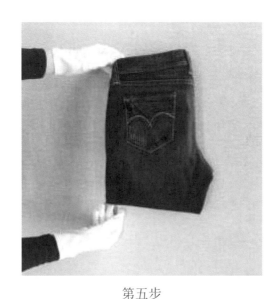

第五步

图1-3-4 裤子的折叠方法

2. 服装店中陈列的人体模特衣服如何穿上去？和我们真人穿衣方式一样吗？

（1）模特拆卸步骤（图1-3-5）

①将垫布平铺放于地面，将模特连同托盘一起平稳地放于布面。

②将手臂摆到一定位置，向上提起，卸下左手臂。

③卸下的手臂放于布面上，旋转手对接小臂腕部位置，旋转至适当位置，将手部拔出，并把卸好的手和胳膊分别放置在工作面内。

④同样步骤拆卸另一只手和胳膊，并分别把手和胳膊放置于工作面。

⑤逆时针旋转上身躯干至合适位置，向上提起，卸下上身躯干部分，并放置于工作面内。

⑥保证工作面有足够大的空间，卸下的模特部件分别放于工作面内。

⑦旋转可以活动的腿至合适位置，向下拉，卸下活动的腿，并放置于工作面。

⑧将固定在托盘上的另一条腿直接向上拔起，使其被拆卸下来。

⑨将所有拆卸下来的手、胳膊、躯干、两条腿及托盘分别放置于工作面。

★提示：建议两人协助拆卸，一人搀扶模特，另一人拆卸；一定把模特固定好，否则，操作不当模特易倒，会损伤模特；注意拆开的模特部件请勿交叉、堆叠，引起碰撞会造成掉漆或其他损伤。

第一步

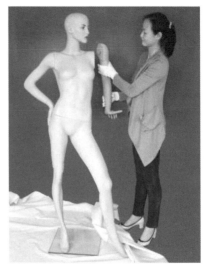

第二步

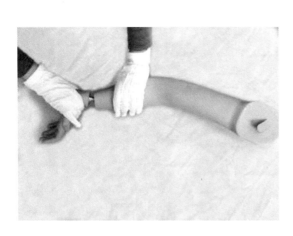

第三步

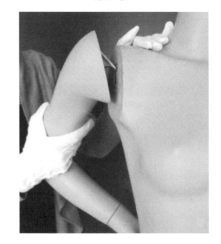

第四步

第五步

第六步

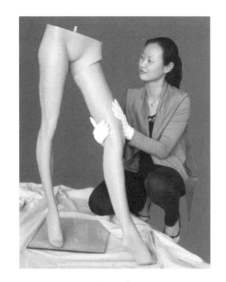
第七步

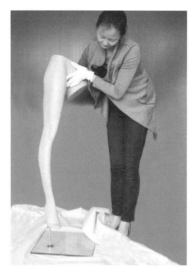
第八步

第九步

图1-3-5 模特拆卸

（2）模特穿衣（裤装）步骤（图1-3-6）

①将模特下肢倒置臀部向外稳定住，轻提裤腰将正面面向自己，套入对应的腿。

②将另一条活动的腿穿入裤腿内，注意脚的方向，然后再把这条腿固定好。

③把倒置的模特正过来，把上面带孔的一条腿固定在托盘上，将裤腰提起，保证与上身躯干接口处干净，不影响下一步与躯干对接。

④先观察躯干的卡口位置和方向，拿好模特的躯干，对准装入上身躯干，并旋转至外面形态吻合。

⑤把裤腰重新提拉，拉上裤子拉链，并整理检查裤腿、裤腰和侧缝位置是否合适。

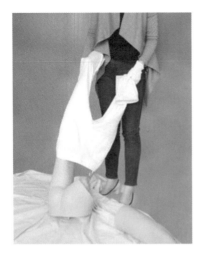

第一步　　　　　　　　　　　　　第二步

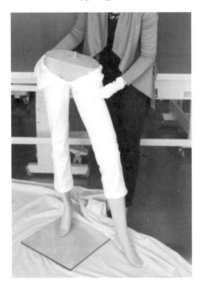

第三步　　　　　　　　　　　　　第四步

第五步

图 1-3-6　模特穿衣（裤装）

（3）模特穿衣（上装）步骤（图1-3-7）

①将手从领口伸到衣服下摆，从模特头部开始向下穿。

②整理T恤领子、肩部、下摆处，使T恤穿着到位，与模特对应位置贴合。

③从领口至肩部二分之一处轻提起，装入手臂，注意别挤压到T恤袖子。

④把模特的手装上，注意观察左右手以及卡口位置方向，对应好装上并旋转固定好手部。

⑤观察服装肩点位置、袖山、袖口是否与模特对应，并把领子上的扣子扣好。

⑥同样步骤装上另一只手臂，并检查服装穿着状态与模特的关系是否妥当。

⑦检视整体服装穿着效果，需整理和调整的，进一步调整，直至达到预期效果（如为了人体比例会把T恤下摆侧面或正面掖一点在裤腰里）。

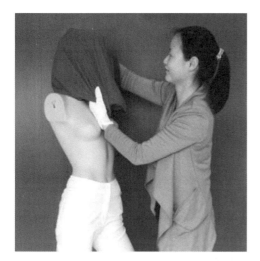

第一步

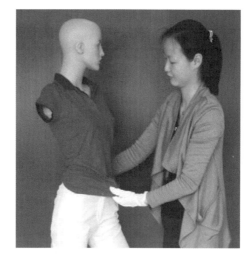

第二步

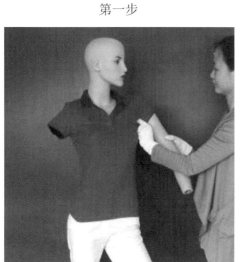

第三步

第四步

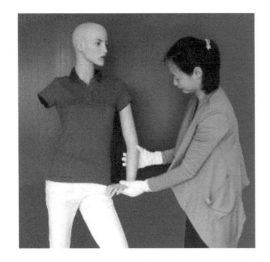 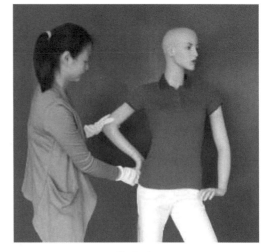

第五步   第六步

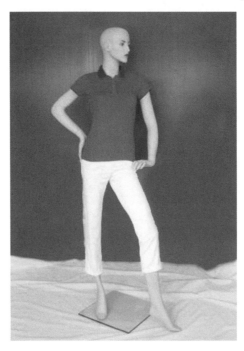

第七步

图 1-3-7　模特穿衣（上装）

 评价与分析

1. 学生根据教师示范的流程操作，自评自己的实践感受，并记录于工作页。

2. 小组同学一起讨论实践成果，并推荐一名学生进行课堂比赛。

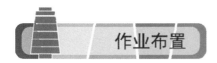 作业布置

表1-3-1　实操作业

叠装实操作业	
任务次序	任务安排
1	折叠连衣裙一款
2	折叠短裙一款

任务要求

　　衣面整洁无褶皱，正面平整，侧面平整，正立面平整。

个人小结：

　　通过这次实操了解……

　　掌握……方法

　　发现……需要重点注意的问题

学生姓名：小雨

学习活动 4
服装色彩组合

学习目标

- 了解服装陈列色彩的基础知识
- 知道陈列色彩配置的方法与技巧

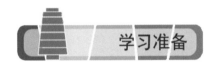

学习准备

电脑、PPT 课件、彩色铅笔、橡皮、尺子、衣架、挂通、T 型架等学习材料

小雨的故事
STORY......

    虽然看到过许多街头和商场的各类漂亮的品牌店铺，也喜欢色彩丰富的店面，但对于在陈列中如何用好色彩搭配，小雨觉得还是需要系统学习一下色彩的基础知识。方老师建议小雨在店铺里实验一下各种色彩的搭配陈列法，直观感受一下效果。

店铺主管要求服装要摆放得层次丰富，看到不同颜色的服装我就拿不定主意啦，不知道怎样摆出层次美感。

布置凌乱的色彩不能美化店铺，色彩的陈列需要有章法，我们先要学习一些色彩的基础知识，认识色彩的属性，再运用到服装陈列中。

1. 在服装店铺的陈列中，优秀的陈列色彩搭配能起到吸引顾客的作用，让店铺看起来整齐却不单一，并能让顾客感到内心的共鸣。你知道服装店内陈列色彩如何配置吗？

图 1-4-1　服装店铺陈列

俗话说：远看色，近看花。可见色彩在陈列中的主导吸引力。实验表明，顾客对一件商品的认识：65%来自于颜色，25%来自于款式，10%来自于材质的构成。有效运用色彩的排列组合可带给顾客耳目一新的感觉，减少顾客在购物时产生的视觉疲劳，并刺激其购买欲；而杂乱无序的颜色排列只会让人感到缺乏美感，让人不愿接近。

2. 服装陈列色彩的基础知识

（1）色彩的分类

自然界中的所有色彩分为有彩色和无彩色。红、橙、黄、绿、青、蓝、紫是基础的有彩色，无彩色包括黑、白、灰。

图 1-4-2 （上）有彩色色标、（下）无彩色色标

（2）色彩的三大属性

色彩的三大属性是指色彩的色相、明度、纯度，又称色彩的三要素。它们是色彩的三个重要基本性质，三者之间相互独立，相互关联，也相互制约。

色相是色彩"相貌"的差异。就像每一个人都有自己的名字一样，色相就是色彩的名字，代表着颜色的种类和基本特征。一般以色相环上的纯色为准，如红、橙、黄、绿、青、蓝、紫等不同的基本色相。同时，色彩依据色相环上的相邻位置不同，分为邻近色、类似色、对比色、互补色。

纯度是指色彩的纯净程度。纯净程度越高，色彩越鲜艳，反之则色彩越浑浊。颜色的混合次数越少，纯度越高；反之，纯度则低。色彩纯度大致分为高纯度、中纯度、低纯度三种（图1-4-3）。

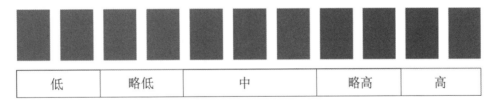

低	略低	中	略高	高

图 1-4-3 纯度色标

明度是指色彩的明暗程度。色彩的明度差别包括两种：一是色相的深浅变化，可以理解为加了多少白颜料，白色添加越多，明度越高，如粉红色、深红色、大红色，其中粉红色明度最高；二是色相的明度差别，如黄色明度最高，紫色明度最低。色彩的明度也分高明度、中明度、低明度三种。

无彩色的黑、白、灰三色没有纯度的概念，只有明度的概念（图1-4-4）。

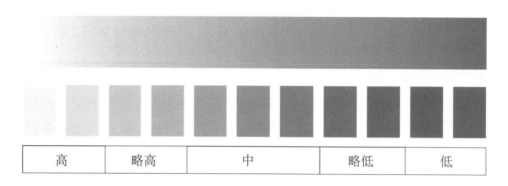

高	略高	中	略低	低

图 1-4-4　明度色标

3. 服装陈列色彩配置方法与技巧

服装陈列中色彩搭配的总体原则是整体上统一，确保店内色调与商品的风格一致，具体有以下几种配置方法。

（1）冷暖色陈列法(图1-4-5)

色彩分为暖色与冷色两种。暖色包括红、黄、橙；冷色包括绿、青、蓝、紫；中性色包括白、灰、黑。冷暖色陈列法就是按照由冷色调向暖色调过渡或者冷暖色交替排列的陈列。

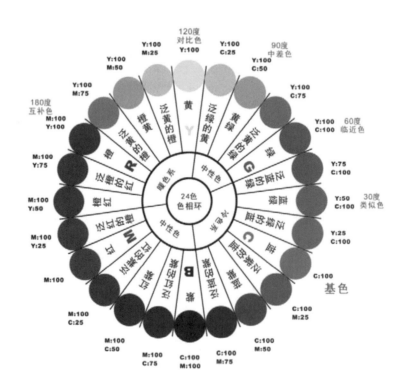

图 1-4-5　色环

（2）季节色彩陈列法

一年四季各不相同，突出季节感也是增大销量的好方法，其多用于换季陈列。春、夏、秋、冬四季主题色选择如下：

春——绿色使人联想到嫩草，粉红色使人联想到樱花和桃花。

夏——蓝色使人联想到天空和海洋，绿色容易给人留下凉爽的感觉。

秋——黄色使人想起明月和稻穗，浅茶色使人想起枯草，茶色使人想起土地。

冬——红色使人想起圣诞节，白色使人想起雪花，灰色使人想起下雪时的天空。

（3）彩虹陈列法

彩虹陈列就是按照彩虹光谱的颜色进行色彩组合排列的陈列，彩虹光谱的色彩顺序是红、橙、黄、绿、青、蓝、紫（图1-4-6、图1-4-7）。

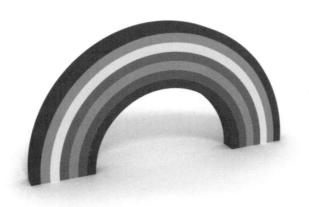

图1-4-6 彩虹光谱

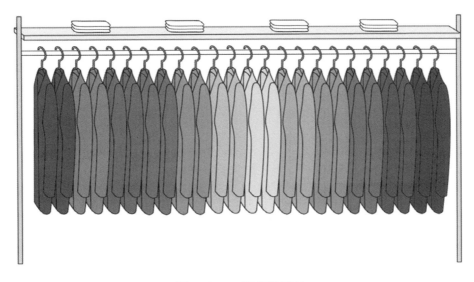

图1-4-7 彩虹陈列法

彩虹排列法主要用于一些色彩丰富、颜色齐全的服装陈列。不过，实际情况很少服装品牌有如此丰富的色彩,因此,应用机会相对比较少。常使用此种陈列方法的品牌有LACOSTE(鳄鱼)、优衣库等。它也会应用于丝巾、领带等服装饰品的陈列。

（4）渐变陈列法（图1-4-8）

渐变陈列法是运用同一色系不同深浅的产品进行组合陈列,可以由浅至深,也可以由深至浅,富有层次感。如：白色→粉红→大红色,米黄色→浅黄色→棕黄色。

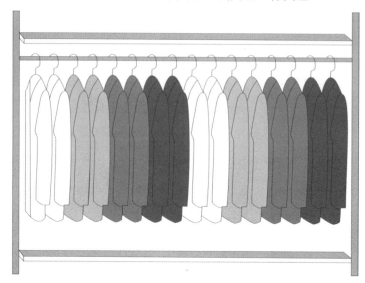

图1-4-8　渐变陈列法

（5）琴键陈列法（图1-4-9）

琴键陈列法一般用在卖场侧挂陈列中,在常规色较多时使用。琴键色彩陈列是通过两种或两种以上的色彩间隔和重复产生韵律和节奏感,改变卖场中服装色彩的单一性。琴键陈列法的特点是有律动感,平衡感强且富于变化。

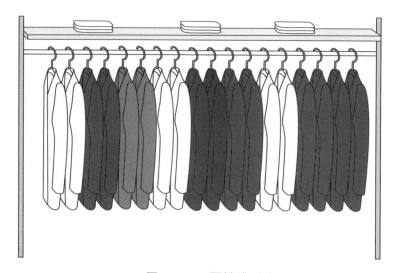

图1-4-9　琴键陈列法

琴键陈列法有组合灵活的特点，加上视觉上的跳跃效果，使其在服装陈列中广泛运用，特别适合女装。因为女装款式多样，色彩也很多，在一个系列中很难找出能形成渐变排列和彩虹排列的服装组合。而琴键陈列法方便组合不同的服装色彩，正好弥补了这方面的不足。

要注意的是：在实际的应用中，服装除了有色彩的变化，还有长短、厚薄和花色的变化，因此，间隔件数的变化也会使整个陈列面的节奏产生不同的变化。

图1-4-10 琴键陈列法

4. 教师示范讲解陈列色彩配置的方法与技巧流程

（1）根据货架所在的位置，顾客的行走路线，以及顾客目光所及之处考量各区域货架的色彩组合。

（2）将服装色彩进行分类，并统计数量。

（3）从仓库中挑选补齐数量少的款式，去掉色彩过多的款式。整体把握以设计系列色彩的比例为主。

（4）结合每个货架的位置，选择合适的色彩组合，注意相邻货架的色彩要有对比。

（5）根据货架所在的不同位置选择适合的色彩配置方式，绘制方案图，并进行方案可行性论证。

（6）在挂通或货架上实操服装色彩配置组合。

（7）确保每件服装吊牌不外露、干净工整，侧挂服装方向与挂通杆垂直，并使每件服装之间距离相等。

评价与分析

1. 学生根据教师所给的工作任务，和教师示范的流程比较，自评自己的实践感受，并记录。

2. 小组同学一起讨论实践成果，并推荐一名学生进行课堂比赛。

作业布置

表1-4-1　实训作业

色彩陈列项目训练		
		训练用时：90分钟
模拟服装、道具卡片：	色卡：	

项目训练准备：

　　训练用卡片、剪刀、胶水或双面胶、彩笔、服装、陈列柜、衣架等

项目训练要求：

1.在规定时间内完成几种配色的陈列

2.选择其中一种进行实物陈列，以营造更为丰富的陈列效果

项目陈列步骤说明：

1.以服装色彩进行分类

2.单色服装数量统计

3.填补个别色彩缺失

4.选择合适的色彩配置方法

5.实操挂放服装

6.保持服装外观干净整洁

个人小结：

　　通过这次实训学习……

　　掌握……知识

　　发现……问题

学生姓名：小雨

任务二　卖场陈列

学习目标

- 了解叠装陈列与挂放陈列的概念与作用
- 知道叠装陈列与挂放陈列的运用方法
- 清楚叠装陈列与挂放陈列的陈列规范
- 了解人模陈列的概念与作用
- 知道人模陈列色彩配置的方法
- 知道人模组合配置的方法
- 了解陈列组合构成的概念
- 知道陈列构成形式的几种方法——对称法、均衡法、重复法、三角形构成

建议学时：15 课时

工作情境描述

　　小雨在某服装品牌店铺做了一段时间兼职后，店长感觉到小雨工作十分认真，主动学习的意识很强！她决定培养小雨，扩大她的责任范围，让她有机会学习更多的陈列知识。因此小雨领到了新的工作任务——负责女装区的整体陈列。

工作流程与活动

活动1：陈列形态构成
活动2：人模展示陈列
活动3：陈列组合构成形式

学习活动 1
陈列形态构成

- 了解叠装陈列与挂放陈列的概念与作用
- 知道叠装陈列与挂放陈列的运用方法
- 清楚叠装陈列与挂放陈列的陈列规范

电脑、PPT 课件、工作页、实训手册、衣架、象鼻架、龙门架、T 形架、彩色铅笔

小雨的故事
STORY......

　　小雨已经熟悉了店铺的基本道具和布局，也能熟练地整理服装、熨烫服装，还经常给主管提些自己的陈列想法。于是主管开始让小雨参与店铺的总体陈列设计，首先是统筹叠装和挂装的布局。小雨很喜欢这个挑战，店里每天都有新货，小雨正好实验一下课堂上学会的各种搭配方法。

店铺中的叠装陈列和侧挂陈列经常需要变化，怎样的格局能取得好的陈列效果呢？

叠装和挂装是店铺中最基础的两种陈列方式，可以使商品的数量饱满，适应不同种类的服装展示。它们优缺点各异，在陈列中需要互补，能充分利用空间。下面，我们就来详细分析一下吧。

1. **在卖场陈列中，服装的陈列方法有叠装陈列和挂装陈列两种，什么是叠装陈列和挂装陈列呢？**

（1）叠装陈列

叠装陈列是将服装规整折叠后摆放于展台、展柜或展架上的陈列方式，既适合大量的服装陈列，也适合体积轻且小的服装陈列。一般会将叠装放置于视平线以下的低位陈列高度，利用展台、展架的不同造型和高度变化，能充分展示商品的造型结构，同时便于顾客取拿和观看。

叠装陈列有利于节省空间，同时还能给顾客一种简约感和层次感。不同品类的服装有规划地叠放在不同区域，能反映出商品的关联性、组合性和系列性。

（2）挂装陈列

挂装陈列是服装店最常用的陈列方式，即整洁地悬挂并展示服装，几乎适合于各种服装。挂装陈列分正挂和侧挂两种。正挂展示效果好，但空间利用率低；侧挂空间利用率高，同时形成色块渲染气氛，但服装细节设计展示效果差。在服装展示陈列中往往采用正挂与侧挂相结合，可以将两种展示方式的优势互补（图 2-1-1）。

图 2-1-1　叠装陈列与挂装陈列共存

2. 叠装陈列的陈列方法有哪些？

（1）间隔法

间隔法可以有横向、纵向和斜向间隔的组合形式。常用于款式变化丰富，色彩变化相对较少的服装陈列。

①双色组合：两种颜色交替变换（图2-1-2）。

②三色组合：在双色组合基础上加入第三色进行组合，可以产生无穷变化（图2-1-3）。

③多色组合：多种颜色组合变化（图2-1-4）。

图 2-1-2　双色组合

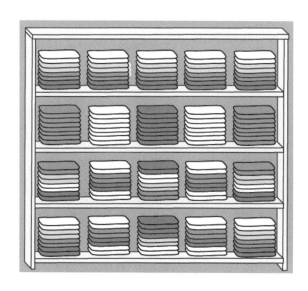

图 2-1-3　三色组合

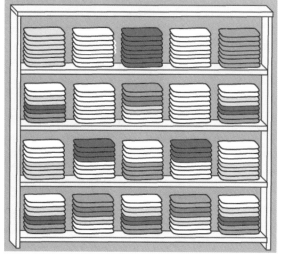

图 2-1-4　多色组合

（2）渐变法

渐变法多用于牛仔裤、男衬衫、T恤等色彩变化丰富，款式相对变化较少的服装陈列。渐变也可以有横向与纵向的陈列方式，还可以根据具体产品的色彩特点，采用间隔与渐变组合的陈列方式（图2-1-5）。

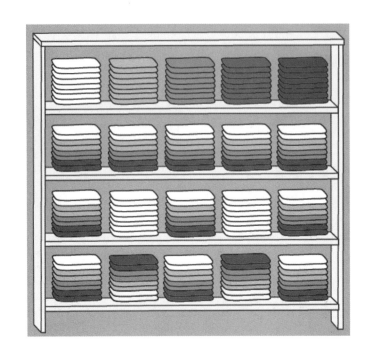

图 2-1-5　叠装色彩陈列——渐变法

（3）彩虹法

彩虹法多用于领带、T恤等品类服装和服饰的陈列（图2-1-6）。彩虹法也可以与间隔法组合应用（图2-1-7）。

在实际应用上述色彩陈列法则时，要注意发挥无彩色的作用，当遇到饱和度高、不易融合的色彩时可以用无彩色间隔，可以达到色彩调和、视觉平衡的效果。

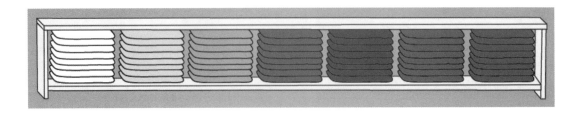

图 2-1-6　叠装色彩陈列——彩虹法

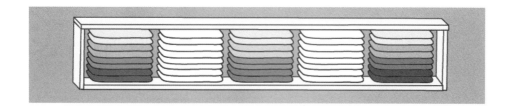

图 2-1-7　叠装色彩陈列——彩虹法与间隔法组合应用

3. 挂装陈列的陈列方法有哪些？

（1）正挂陈列

正挂陈列是将衣服的正面朝前，可以看到服装的正面完整效果，适合展示服装的款式、装饰特点，视觉效果突出，但是占用展示面空间大。正挂展示的第一件通常要做搭配式展示，以强调本商品的风格，吸引顾客购买（图2-1-8）。

正挂

图 2-1-8　正挂陈列店内运用

（2）侧挂陈列

侧挂陈列的色彩展示方法通常有间隔法，渐变法和彩虹法。

①间隔法

由于大部分品牌的产品品类比较多，服装色彩比较丰富，所以间隔法应用于大部分男装、女装和童装品牌的产品展示。一般每款服饰同时连续挂列2件以上，货品不足情况下一般也不少于2件，以不超过4件为宜。通常有2+2，2+3，2+4，3+3，3+4 等出样方式（图2-1-9）。不过也有很多高档奢侈品牌每款只陈列一件。

间隔法在实际应用中又可以细分为色彩间隔，长度间隔，长度与色彩同时间隔三种。

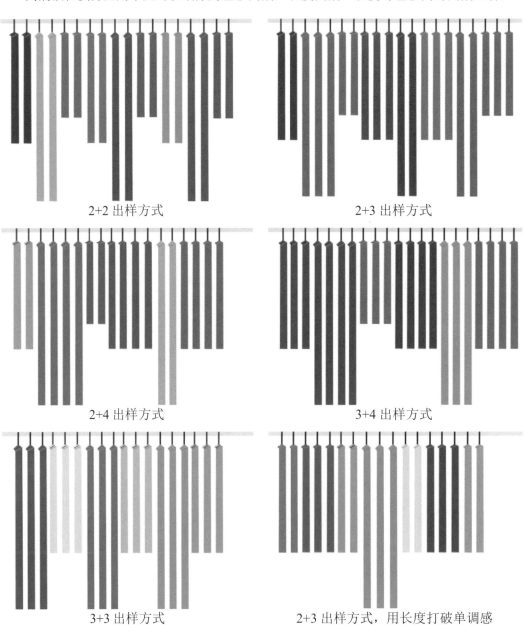

2+2 出样方式　　　　　　　　2+3 出样方式

2+4 出样方式　　　　　　　　3+4 出样方式

3+3 出样方式　　　　　2+3 出样方式，用长度打破单调感

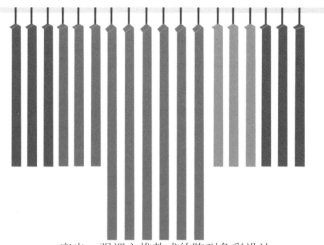

突出、强调主推款式的陈列色彩设计

图2-1-9 间隔法色彩展示方法

•色彩间隔

色彩间隔法是将服装款式相近，长度基本相同的服装陈列在一个挂通上，只在色彩上进行间隔变化来获得节奏感的一种陈列方式。这种陈列方法在T恤、男衬衫、裤子等产品的陈列中较为常见（图2-1-10）。

款式相近，长度基本相同，色彩上进行间隔变化，有一定的节奏感

图2-1-10 色彩间隔

•长度间隔

长度间隔是将色彩相同或相近，款式长度不同的服装陈列在一个挂通上，通过长短的间隔变化来获得富有旋律的美感。这种陈列方法常见于服装色彩比较单一的品牌（图2-1-11）。

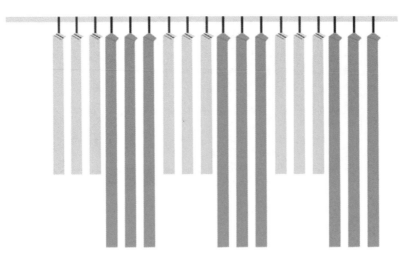

图 2-1-11　长度间隔

•长度与色彩同时间隔

长度与色彩同时间隔是将服装按照系列进行陈列，把相同系列、不同长度的服装陈列在一个挂通上获得更为丰富的节奏与旋律。这种陈列方法适用于绝大部分服装品牌，也是商业销售终端最为常见的一种方法（图2-1-12）。

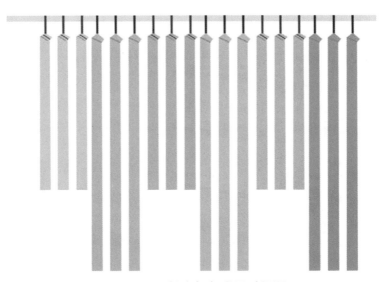

图 2-1-12　长度与色彩同时间隔

②渐变法

渐变法适用于服装款式变化相对少，色系变化丰富的品牌陈列。成熟的男、女装品牌或单一品类如牛仔、内衣或袜子等应用比较多。正挂色彩渐变从前向后由浅至深，由明至暗（图2-1-13）。

侧挂装渐变从左向右，由浅至深（图2-1-14）。

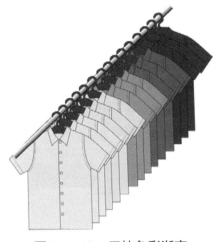

图 2-1-13　正挂色彩渐变

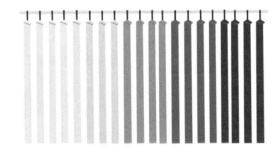

图 2-1-14　侧挂色彩渐变

③彩虹法

彩虹法适用于产品品类少，色彩鲜艳丰富的品牌陈列。多用于男衬衫、T 恤、领带、童装、饰品等品牌陈列（图2-1-15）。

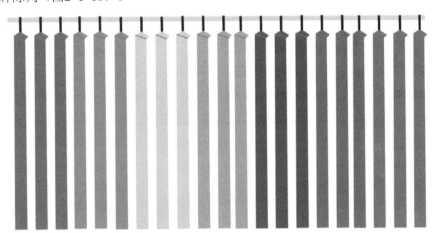

图 2-1-15　侧挂彩虹法

4. 叠装陈列中有哪些陈列规范？

（1）同季节、同品类、同系列产品陈列在同一区域（图 2-1-16）。

（2）陈列的商品拆去包装，同款同色薄装 4 件/厚装 3 件一叠摆放（机织类衬衫领口可上下交错摆放）。

（3）若缺货或断货，可找不同款式但同系列且颜色相近的服装垫底。

（4）折叠服装的折叠尺寸要相同，可利用折衣板辅助，折衣板参考尺寸为27 厘米×33 厘米。

图 2-1-16　隔板中陈列不同色彩和款式的牛仔裤

（5）上衣折叠后长宽建议比例为 1∶1.3。

（6）折叠陈列同款同色的服装，从上到下的尺码从小至大（图 2-1-17）。

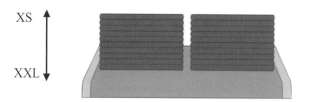

图 2-1-17　叠装陈列产品尺码从上至下的顺序为 XS—XXL

（7）上装胸前有标志的，应显露出来；有图案的，要将图案展示出来，从上至下应整齐相连（图 2-1-18）。

（8）下装经折叠后应该展示出后袋、腰部、胯部等部位的工艺细节。

（9）折叠后的商品挂牌应藏在衣内。

（10）每叠服装间距为 10～13 厘米（至少一个拳头的距离）。

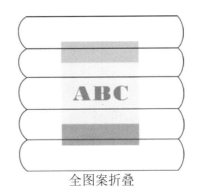

图案折叠   全图案折叠

图 2-1-18　叠装图案折叠

（11）层板与陈列商品之间，需要保留 1/3 空间。

（12）叠装有效陈列高度 60～80 厘米，60 厘米以下叠放以储藏为主。尤其避免在卖场的死角、暗角展示陈列深色调的服装，可频繁改变服装的展示位置，以免造成滞销。

（13）叠装服饰就近位置适合相关的挂装展示及海报配合，也可以设置全身或半身模特展示其中具体款式及组合展示效果。

（14）避免滞销货品单一叠装展示，应考虑就近位置配搭重复挂装展示。

（15）过季产品应设置独立展示区域，同时配置代表性明确的海报。不得将过季和减价货品与全价应季品叠装混合陈列。

5. 侧挂陈列中有哪些陈列规范？

（1）同款式、同色产品同时连续挂 2~4 件，挂装尺码尺寸由小至大排列（图 2-1-19）。

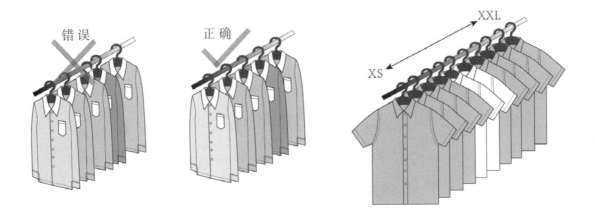

图 2-1-19　同款产品同时连续侧挂多件的陈列规范

（2）挂件应保持整洁，无折痕。

（3）纽扣、拉链、腰带等尽量摆放到位。

（4）掌握问号原则，挂钩一律朝里。

（5）挂通一侧不能太空，也不能太挤，根据面料材质不同，品牌档次不同，挂钩间距会变大或变小，保持衣架之间距离均衡（图2-1-20）。

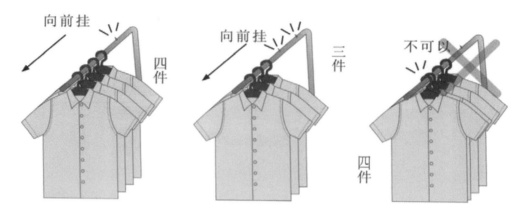

图 2-1-20　侧挂挂通间隔的陈列规范

（6）裤装采用M式侧夹或开放夹法，侧夹时裤子的正面一定要向前。

（7）套装搭配衬衫展示时，裤装一般侧面夹挂(图2-1-21）。

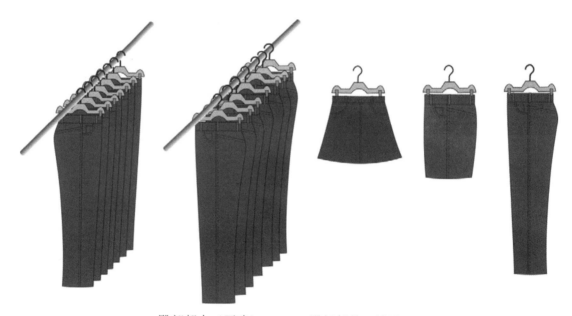

臀部朝内（正确）　　　　臀部朝外（错误）

图 2-1-21　裤装侧挂规范图示

（8）挂装展示时，商品距地面不小于15厘米。

（9）侧挂区域的附近位置，应摆放模特展示或正挂陈列服装中有代表性的款式或其组合，同时需注意配置相应宣传海报。

（10）商品上的吊牌等物须藏于衣内。

6. 课内实训

表 2-1-1　典型案例

叠装、挂装陈列柜综合项目训练		训练用时：90 分钟

模拟服装、道具卡片：　　　　　　　　　　　　　　　　色卡：

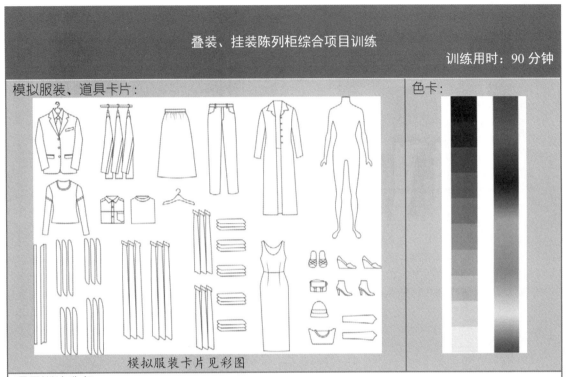

模拟服装卡片见彩图

项目训练准备：

训练用卡片、剪刀、胶水或双面胶、彩笔、服装、陈列柜、衣架等

项目训练要求：

在规定时间内完成陈列卡片制作及叠装、挂装陈列实际操作，以模拟卡片上的服装、配饰为基本款，实际操作时服装款式类型可依据实物陈列，以营造更为丰富的陈列效果

项目陈列说明：

衣服数量、道具数量、配色方法、陈列方法

组员安排		任务分配
组长	小雨	确定风格、分配任务、巡回督导、拍摄实训完成图
组员	小花	按照风格选择服装数量、款式并进行卡片裁剪
	小明	按照风格进行配色、陈列方式的绘制及粘贴
	小天	按照模拟图选择相应的服装及配饰
	小玉	打扫陈列柜、陈列服装及配饰、调整整体陈列效果
	小桃	

陈列柜模拟项目训练

陈列柜实训项目训练（照片）

评价表格				
评分细则	自评	互评	师评	总分
1.组员任务安排的合理性	3	3	4	10
2.陈列风格是否鲜明	3	2	3	8
3.陈列方法选择的合理性	3	3	4	10
4.陈列配色的合理性	3	3	3	9
5.陈列是丰满还是过于拥挤	3	2	3	8
6.陈列道具使用是否规范	2	2	3	7
7.陈列场地和道具是否清洁	3	3	4	10
8.是否注意陈列细节	3	3	4	10
9.是否在规定时间内完成项目训练	3	3	4	10
10.小组团队合作是否融洽	3	2	3	8

满分：	100 分	总分：	90 分

互评建议：

师评建议：

个人小结：

通过本次学习……

掌握……知识

出现……问题

学生姓名：小雨

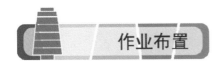
表 2-1-2　实训作业

叠装、挂装陈列柜综合项目训练		训练用时：90 分钟

模拟服装、道具卡片：　　　　　　　　　　　　　　　　　色卡：

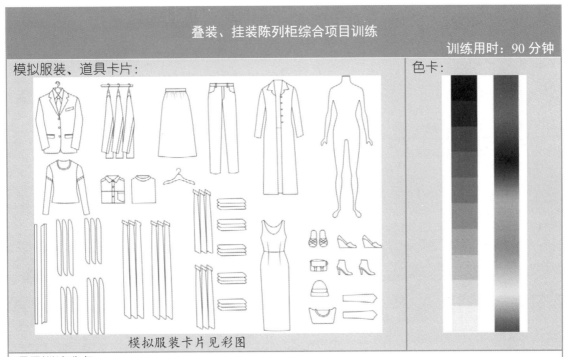

模拟服装卡片见彩图

项目训练准备：

　　训练用卡片、剪刀、胶水或双面胶、彩笔、服装、陈列柜、衣架等

项目训练要求：

　　在规定时间内完成陈列卡片制作及叠装、挂装陈列实际操作，因模拟卡片上的服装、配饰为基本款，实际操作时服装款式类型可依据实物陈列，以营造更为丰富的陈列效果。

项目陈列说明：

组员安排		任务分配
组长	小雨	确定风格、分配任务、巡回督导、拍摄实训完成图
组员	小花	按照风格选择服装数量、款式并进行卡片裁剪
	小明	按照风格进行配色、陈列方式的绘制及粘贴
	小天	按照模拟图选择相应的服装及配饰

小玉	打扫陈列柜、陈列服装及配饰、调整整体陈列效果
小桃	

陈列柜模拟项目训练（设计图）	陈列柜实训项目训练（实物照片）

评价表格				
评分细则	自评	互评	师评	总分
1. 组员任务安排的合理性				
2. 陈列风格是否鲜明				
3. 陈列方法选择的合理性				
4. 陈列配色的合理性				
5. 陈列是丰满还是过于拥挤				
6. 陈列道具使用是否规范				
7. 陈列场地和道具是否清洁				
8. 是否注意陈列细节				
9. 是否在规定时间内完成项目训练				
10. 小组团队合作是否融洽				

满分：	100 分	总分：	

互评建议：	师评建议：

个人小结：

　　通过本次学习……

　　掌握……知识

　　出现……问题

学生姓名：小雨

学习活动 2
人模展示陈列

- 了解人模陈列的基本概念与作用
- 知道人模陈列色彩配置的方法
- 知道人模陈列组合配置的方法

电脑、PPT 课件、工作页、实训手册、训练用卡片、剪刀、胶水或双面胶、彩笔、陈列柜、服装、衣架、人模、陈列道具

小雨的故事
STORY

平时逛街时，最吸引小雨注意的就是模特身上的服装。模特无疑是最好的衣架子，能最好地表现服装的风格，展示搭配的方法。现在小雨换位成陈列师，要考虑的是如何将模特穿出最好的效果，吸引顾客。

人模有不同的姿态，要如何配置才能吸引顾客？

模特陈列可以说是店铺里的聚焦点，穿插在店铺中，能引人驻足而观，增加顾客停留的时间。模特的搭配有很多规范和技巧，这节课我们就来讲人模的配置。

商店除了吊挂展示和货架摆放展示，还可以采用模特展示。把服装穿着在仿真模特上的一种展示形式，简称为人模陈列。

人模有各种风格，有的生动写实，有的抽象夸张，不同风格的服装品牌可以有不同的选择。人模从形态上分为全身人模、半身人模以及用于展示帽子、手套、袜子等服饰的头、手、腿、脚的局部人模（图2-2-1）。

图 2-2-1　头部人模

人模陈列的优点是能将服装用最接近人体穿着时的状态进行展示，可以充分展示服装的款式风格和设计细节，顾客对服装可以有更直观的印象。人模陈列通常用于橱窗展示或陈列在店铺内显著的位置。用人模展示的服装，其单款的销售量往往比其他形式出样的服装销售量高。因此，服装零售店里用人模展示的服装，通常是当季重点推荐的产品或是最能体现品牌风格的服装。

1.　人模陈列的规范有哪些？

人模展示主要展现服装的整体搭配组合，反映当季的时尚流行或品牌最新的产品信息。人模陈列应该注意以下几点：

（1）人模表现的必须是卖场的新款货品或推广货品，要注意其关联性。

（2）组合模特风格要一致；除了特殊设计，模特上下身都不能裸露。

（3）服装选用最合适的尺码，忌过大或过小。

（4）模特着装的颜色应有主色调，搭配多用对比色系陈列，用色要大胆，细节部分可以夸张一点，以吸引顾客的注意。

（5）为避免款式、颜色过于单调或商品滞销，展示服装要定期更换。

（6）多应用与主题相关的配饰品，加强表现的效果，也可促进附加销售。

（7）模特身上不能外露任何吊牌或尺码，部分促销或减价商品除外。

（8）商品在穿着之前需要熨烫。

（9）要模仿人真实的着装状态，在穿着之后要整理肩、袖以及裤子，必须使用别针、拷贝纸等加强陈列效果，使表现的主题更为鲜明，更具生活气息。

2. 人模服装色彩陈列的方法有哪些？

常用模特色彩陈列的方法有三种。

（1）十字交叉法：两个人模的上下装有一定的呼应，形成有节奏的协调（图2-2-2）。

图 2-2-2　十字交叉法

（2）平行组合搭配：两个或多个人模的上下装色彩一致，这种搭配比较稳重（图2-2-3）。

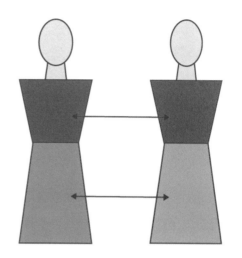

图 2-2-3　平行组合搭配

（3）主色搭配：两个模特有一个主色，这种是很有统一感的搭配，适合套装系列展示陈列（图2-2-4）。

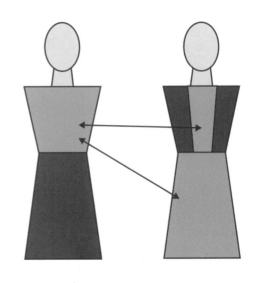

图 2-2-4　主色搭配

3. 人模的配置方法有哪些？

（1）单人模配置（图 2-2-5）

单人模配置由于陈列气氛较弱，不能有效地传达产品的系列感，一般在入口和中岛较少适用，经常出现在局部点陈列中。单人模配置体量感较小，所选用的人模宜选用动作幅度较大的姿势，用夸张的动态来引起人们的注意，并与一定的展具搭配陈列。

图 2-2-5　单人模配置

（2）双人模配置

①前后配置：该配置为常用的方法，构图生动，视线集中。两个人模不在一条直线上，有前后层次，可采取后面人模站立位置或姿势略高于前面人模的组合方法（图2-2-6）。

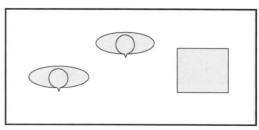

图2-2-6　双人模配置——前后配置

②平行配置：两个人模在一条直线上，适合于场地较为局促的陈列场所。这种配置要求人模姿势有较大区别，以免视觉效果僵硬呆板，流于平淡（图2-2-7）。

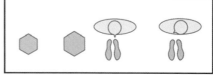

图2-2-7　双人模配置——平行配置

③中央配置：中间放展台、装饰展架或其他道具，人模分立在柜台两边，姿势相近略有变化，可得到整齐的视觉效果，但略显呆板，生动感不足（图2-2-8）。

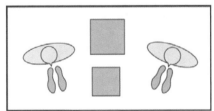

图 2-2-8　双人模配置——中央配置

④两边分散配置：较少采用的配置方法，一般用在双入口的展位。注意人模的朝向要有区别，其中一个人模旁边应配置以装饰道具，以打破过于平衡的布局（图2-2-9）。

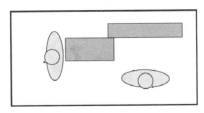

图 2-2-9　双人模配置——两边分散配置

（3）三人模配置

①1+2对比配置：这种配置方案将其中两个人模作为一组，另一个单独站立，中间为展柜或道具，形成相关联的对比关系（图2-2-10）。

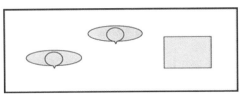

图 2-2-10　三人模配置——1+2 对比配置

②三角配置：三个人模聚集在一起，以前一个、后两个或前两个、后一个的组合方式出样，通过人体模特站立、就坐或下蹲等姿势的不同，实现高低上的节奏变化（图2-2-11）。

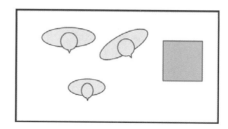

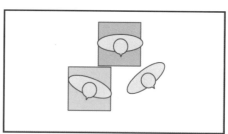

图 2-2-11　三人模配置——三角配置

③平行配置：三个人模成一字站立或就坐，一般姿态完全保持一致，以军队式的阵容来形成强烈的气势。这种配置方式在男装陈列里用得比较多（图2-2-12）。

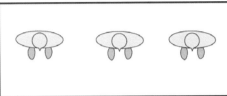

图 2-2-12　三人模配置——平行配置

④群组配置：这种人模组合方法是三个人模背靠背站立或就坐，组成一个圈，姿势各有不同。该配置方法的好处是无论从哪个方向看都是正面出样，群体感强，此方式多用于卖场内部主题式陈列（图2-2-13）。

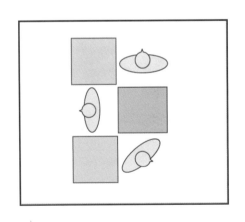

图 2-2-13　三人模配置——群组配置

（4）多人模配置

可以打造热烈而丰富的销售场景。面积宽阔的店铺和橱窗是多人模陈列的首要条件。要注意多人模陈列可以根据品牌特色和需要选用一样的姿势或不同的姿势。

通过模特着装的差异强调节奏性，以免缺乏亮点，流于平淡；有主推色彩或花纹的服装应占到整体的15%以上，使消费者能够迅速了解当季的主推商品；如果将同一款式的不同色彩的服装穿于多个人模上展示，会有强调风格的作用。与三人模配置一样，多人模也可以做成平行配置或对比配置，以适应不同的主题需求（图2-2-14）。

图2-2-14　多人模的配置

4. 配置时注意事项

（1）先要确定陈列的空间和长度，再根据宽度决定人模的数量。

（2）根据人模穿着的主力商品，使用适合商品的小道具或者有季节性标志的饰物。

（3）要了解在主动线的什么位置，在哪看最显眼，把人模的视线或方向对向顾客的视线。

（4）在稍远的距离观察整体是否协调，有没有不足的地方，从每个方向认真检查。

（5）要根据季节或商品，选用适合的配置方法，制造一个具有变化的卖场。

5. 人模组合综合项目训练（范例）

表 2-2-1　典型案例

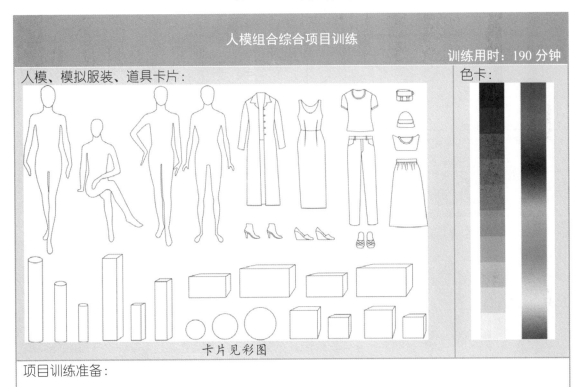

人模组合综合项目训练	训练用时：190 分钟

项目训练准备：

训练用卡片、剪刀、胶水或双面胶、彩笔、人模、服装、道具等

项目训练要求：

在规定时间内完成陈列卡片制作及人模组合陈列实际操作，因模拟卡片上的人模、服装、配饰、道具为基本款，实际操作时人模、服装款式类型可依据实物陈列，以营造更为丰富的陈列效果

项目陈列说明：

使用人模 3 个，服装共 8 件，道具共 2 件（圆柱体、方体）

配色方法：选取黑、白、灰无彩色搭配，风格统一，层次清晰。

陈列方法：三人台 1+2 对比配置

组员安排		任务分配
组长	小雨	确定风格、分配任务、巡回督导、拍摄实训完成图
组员	小花	按照风格选择人模数量及姿态、服装款式、道具并进行卡片裁剪
	小明	按照风格进行人模组合、款式配色、陈列方式的绘制及粘贴
	小天	按照模拟图选择相应的人模、服装、配饰及道具
	小玉	打扫陈列场地、人模摆放、陈列服装及配饰、调整整体陈列效果
	小桃	

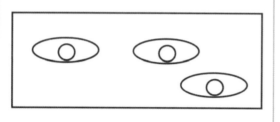
俯视图

平面图

人模组合模拟项目训练

人模组合实训项目训练（照片）

评价表格				
评分细则	自评	互评	师评	总分
1. 组员任务安排的合理性	3	3	4	10
2. 陈列风格是否鲜明	3	3	4	10
3. 人模的配置方法是否合理	3	2	3	8

4. 人模色彩陈列的合理性	3	3	3	9
5. 陈列是丰满还是过于拥挤	3	3	4	10
6. 陈列道具使用是否规范	3	3	4	10
7. 陈列场地和道具是否清洁	3	3	4	10
8. 是否注意人模陈列细节	3	2	4	9
9. 是否在规定时间内完成项目训练	2	2	3	7
10. 小组团队合作是否融洽	3	3	4	10

满分：	100 分	总分：	93 分
互评建议：		师评建议：	

个人小结：

　　通过本次学习······

　　掌握······知识

　　出现······问题

学生姓名：小雨

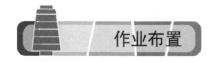

表 2-2-2　实训作业

人模组合综合项目	训练用时：190 分钟

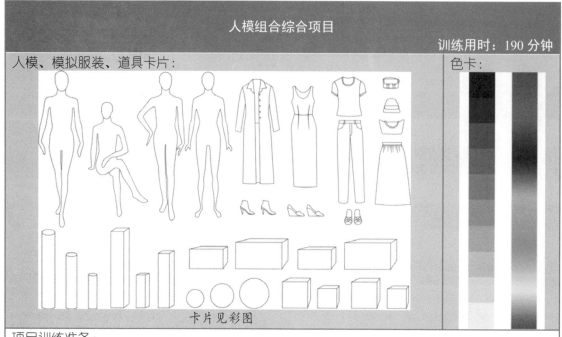

人模、模拟服装、道具卡片：　　　　　　　　　　　　　　　色卡：

卡片见彩图

项目训练准备：

训练用卡片、剪刀、胶水或双面胶、彩笔、人模、服装、道具等

项目训练要求：

在规定时间内完成陈列卡片制作及人模组合陈列实际操作，因模拟卡片上的人模、服装、配饰、道具为基本款，实际操作时人模、服装款式类型可依据实物陈列，以营造更为丰富的陈列效果

项目陈列说明：

使用人模 3 个，服装共 8 件，道具共 2 件（圆柱体、方体）

配色方法：选取黑、白、灰无彩色搭配，风格统一，层次清晰。

陈列方法：三人台 1+2 对比配置

组员安排		任务分配
组长		
组员		

俯视图

平面图

人模组合模拟项目训练

人模组合实训项目训练（照片）

评价表格

评分细则	自评	互评	师评	总分
1. 组员任务安排的合理性				
2. 陈列风格是否鲜明				
3. 人模的配置方法是否合理				
4. 人模色彩陈列的合理性				

5. 陈列是丰满还是过于拥挤				
6. 陈列道具使用是否规范				
7. 陈列场地和道具是否清洁				
8. 是否注意人模陈列细节				
9. 是否在规定时间内完成项目训练				
10. 小组团队合作是否融洽				

满分：	100 分	总分：	

互评建议：	师评建议：

个人小结：

　　通过本次学习……

　　掌握……知识

学生姓名：小雨

学习活动 3
陈列组合构成形式

- 了解陈列组合构成的概念
- 知道陈列构成形式的几种方法——对称法、均衡法、重复法、三角形构成

电脑、PPT 课件、实训手册、陈列道具

小雨的故事
STORY……

　　参与店铺的陈列策划后，小雨越来越感觉到陈列的重要性。有时一个展台摆放的改变就能给店铺带来新的面貌，顾客的反响也会大不相同；有时出样的不同展示，可以引来销量的大提升。小雨每天琢磨着新的陈列，也迫切希望学习更多的陈列组合技巧。

在店铺里，有时改变一下展台的出样摆放形式，顾客的反应会不同，陈列的形式变化有哪些章法呢？

一个店铺是各种道具和服装的组合，不仅要注意整体的风格与秩序，更要强调细节的美感。陈列设计都是需要围绕统一和对比这两个基本原则的。这部分内容我们将介绍一些常用的陈列构成形式。

陈列组合构成包括服装在卖场中呈现的造型和组合。服装在卖场中或折叠、或悬挂、或穿在模特上，这是服装呈现的状态；各种展架、展台、人模将服装摆放在不同的位置，遵循统一与对比的基本原则形成卖场中的构成。从构成学的角度讲，服装陈列组合构成形式就是呈现秩序的美感和打破常规的美感相结合的艺术形式。

1. 卖场陈列中，有哪些陈列构成形式法则？

（1）对称法则

在陈列上，对称的运用指的是以中间为基准，向两边延续，两边形态在大小、形状、色彩和排列上具有一一对应的关系（图2-3-1）。

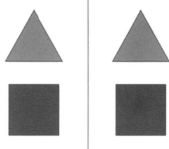

图 2-3-1　对称法

对称法则通常适合比较窄的陈列面，这种陈列方法的特征是具有很强的稳定性。但在卖场中过多地采用对称法则，会让卖场变得四平八稳，没有生机。因此，一方面，对称形式可以和其他陈列形式结合使用（图2-3-2）；另一方面，在采用对称的陈列面上还可以进行一些小的变化，以增加陈列面的形式感。

图 2-3-2　卖场展柜对称法

（2）均衡法则

在服装陈列上，均衡法则的运用是指服装陈列时以支点为重心，保持形态各异却量感等同的状态，达到力学上的相对平衡形式。平衡包含物理上力量的平衡和色彩、肌理以及空间等构成要素作用于人心理量感的平衡。平衡可以更加有力地提升卖场的气势和动感。

卖场中的均衡法则打破了对称的格局，通过对服装、饰品陈列面的精心选择和位置的精心摆放，获得一种新的平衡。好的均衡形式既可以满足货品排列的合理性，同时也能给卖场的陈列带来一些活泼的感觉（图2-3-3）。

图 2-3-3　展柜陈列均衡法

（3）对比法则

在服装卖场中，无时无刻都具有美学法则。没有对比就没有美，对比是美学产生的基础，对比法则广泛存在于橱窗和店铺内部。对比法则是指在物质形态上大小、颜色、方向、轻重、长短、聚散等多方面的比较式陈列，有助于突出陈列效果。例如颜色，红色和绿色服装叠放在一处进行对比，红色越显为红色，绿色也越显为绿色，色相鲜明，且视觉上眼睛观感有视觉补偿，不易产生视觉疲劳。

图 2-3-4　对比陈列

（4）统一法则

统一法则在服装陈列中介于对比法则和重复法则之间，是指服装陈列中在形态、颜色、款式、动作、方向、装饰等方面具有一致性的效果。如下图两个模特服饰上有一定的对比形式，整体上却是统一形式更多。配色、配饰、动态、方向都具有一致性（图2-3-5）。

图 2-3-5　统一陈列

（5）重复法则

在服装陈列上，重复法则是指服饰在某个陈列面或货架上，运用两种以上的陈列形式进行多次交替循环的陈列手法。重复法则表现为在模特、方向、动态、服装或配饰上具有一致性情况下的重复性的连续排列，其中服装、配饰和道具是最关键的运用形态（图2-3-6）。

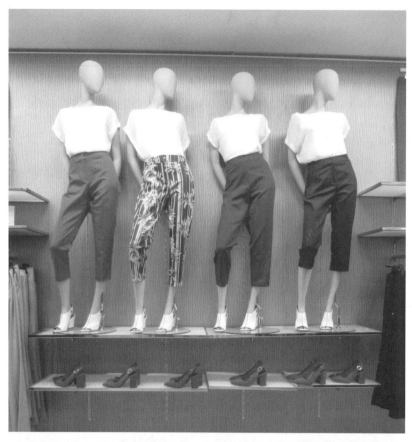

图 2-3-6　重复陈列

　　交替循环会产生节奏，让我们联想到音乐节奏的高低、强弱、和谐，因此卖场中的交替重复陈列常常给人一种愉悦的韵律感（图2-3-7）。

图 2-3-7　陈列交替重复法

2.　卖场陈列中，有哪些陈列构成形式？

（1）曲线构成

曲线构成是以曲线带状为主导，整合点、线、面元素，形成优美生动、富有韵律感的空间形态，营造别样的购物环境。这种构成多运用于橱窗、店铺衣架和流水台等陈列（图2-3-8）。

图 2-3-8　曲线构成

（2）水平构成

水平构成是以水平的直线为主导，时断时续的直线构成了货架及陈列面的不同高低层次，使服饰陈列在品类上不同高度区域的功能性产生差别，也会给人以整体店铺整洁、有平衡感和有序感的印象（图2-3-9）。

图 2-3-9　水平构成

（3）垂直构成

服饰商品组合在单位陈列面中有意识地进行左右分区，形成有意识的垂线分割形式。垂直构成有利于服饰商品目录式的展示，商品个体展示干净清爽、条理清晰，也更有利于不同商品的组合陈列良好效果的表达（图2-3-10）。

图 2-3-10　垂直构成

（4）方格构成

方格构成往往是由陈列道具组成的，如展柜、货架中的呈现形式本身具有的区隔的属性。它是水平构成和垂直构成的复合形式，主要用于叠放式陈列或饰品等陈列中（图2-3-11）。

图 2-3-11　方格构成

（5）三角形构成

三角构成是主题式陈列中极为常见的陈列形式，它使人产生纵深感和方向感，同时又具有平衡感、速度感和力量感。由于三角构成的富于变化，会时常采用多个三角构成组合的新构成形式。一般情况下，三角构成多用于制造氛围的主题展示（图2-3-12）。

图 2-3-12　三角形构成

（6）放射构成

放射形构成是围绕中心向四周发散扩展的构成形式，多用于展区的醒目位置。它能增加陈列空间的张力，呈现大气、明快、视觉冲力强的特征。运用放射形构成需要注意中心形态和周边形态的统一性（图2-3-13）。

图 2-3-13　放射形构成

（7）密集构成

相同或相似的元素在陈列区域中到处得到反复的呈现，它或规律、或自由的呈现把氛围渲染出浓厚的元素符号意义。在这种展示中很自然地把相异的元素对比出来，衬托出清晰的陈列主体（图 2-3-14）。

图 2-3-14　密集构成

（8）特异构成

特异构成建立在规律上的突破，打破原有的统一的一成不变的格局。它或在形态上、方向上、位置上、色彩上、品类上产生较大的对比差异，突破人类的视觉惯性想象，给人耳目一新的视觉亮点（图2-3-15）。

图2-3-15　特异构成

（9）渐变构成

渐变构成是商品在卖场陈列中有规律地、渐进地、循序地变化，这种递变的形式使得卖场呈现出规律性的展示，更有利于顾客的选择。在服装陈列中它表现在尺码、颜色、质地、图案等方面的变化（图2-3-16）。

图 2-3-16　渐变构成

3. 陈列组合构成形式项目训练

表 2-3-1　典型案例

项目训练准备：		
训练用卡片、剪刀、胶水或双面胶、彩笔、人模、服装、道具等		

项目训练要求：

在规定时间内完成陈列卡片制作及陈列组合构成形式实际操作，模拟卡片上的人模、服装、配饰、道具为基本款，实际操作时人模、服装款式、道具类型可依据实物陈列，以营造更为丰富的陈列效果

项目陈列说明：

人模：2 个

服装：42 件

使用道具：摆台 2 个、T 型架 2 个、衣架 20 个

配色方法：选取蓝色与白色搭配，冷色调给人带来清爽和安静的感觉

陈列方法：对称法

组员安排		任务分配
组长	小雨	确定风格、分配任务、巡回督导、拍摄实训完成图
组员	小花	按照风格选择人模数量及姿态、服装款式、道具并进行卡片裁剪
	小明	按照风格进行组合陈列、配色的绘制及粘贴
	小天	按照模拟图选择相应的人模、服装、配饰及道具
	小玉	打扫陈列场地、人模摆放、陈列服装及配饰、调整整体陈列效果
	小桃	

陈列组合构成形式模拟项目训练（草图）	陈列组合构成形式实训项目训练（照片）

评价表格				
评分细则	自评	互评	师评	总分
1. 组员任务安排的合理性	3	2	3	8
2. 陈列风格是否鲜明	2	2	3	7
3. 陈列组合构成形式是否合理	3	2	3	8
4. 组合色彩陈列的合理性	3	3	3	9
5. 陈列组合是丰满还是过于拥挤	3	3	4	10
6. 陈列道具使用是否规范	3	3	3	9
7. 陈列场地和道具是否清洁	3	3	4	10
8. 是否注意陈列组合细节	3	2	4	9
9. 是否在规定时间内完成项目训练	2	3	4	10
10. 小组团队合作是否融洽	3	2	3	8
满分：	100 分	总分：		88 分

互评建议：

师评建议：

个人小结：

　　通过本次学习……

　　掌握……知识

　　出现……问题

学生姓名：小雨

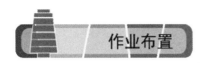

作业布置

表 2-3-2　实训作业

陈列组合构成形式项目训练	训练用时：190 分钟

人模、模拟服装、道具卡片：

卡片见彩图

色卡：

项目训练准备：

　　训练用卡片、剪刀、胶水或双面胶、彩笔、人模、服装、道具等

项目训练要求：

　　在规定时间内完成陈列卡片制作及陈列组合构成形式实际操作，因模拟卡片上的人模、服装、配饰、道具为基本款，实际操作时人模、服装款式、道具类型可依据实物陈列，以营造更为丰富的陈列效果

项目陈列说明：

组员安排		任务分配
组长		
组员		

陈列组合构成形式模拟项目训练（草图）

陈列组合构成形式实训项目训练（照片）

评价表格

评分细则	自评	互评	师评	总分
1. 组员任务安排的合理性				
2. 陈列风格是否鲜明				
3. 陈列组合构成形式是否合理				
4. 组合色彩陈列的合理性				
5. 陈列组合是丰满还是过于拥挤				
6. 陈列道具使用是否规范				
7. 陈列场地和道具是否清洁				
8. 是否注意陈列组合细节				
9. 是否在规定时间内完成项目训练				
10. 小组团队合作是否融洽				
满分：	100 分	总分：		

互评建议：	师评建议：

个人小结：

  通过本次学习……

  掌握……知识

  出现……问题

学生姓名：小雨

任务三　橱窗陈列

- 了解橱窗陈列的由来和意义
- 知道橱窗的几种形式
- 清楚橱窗陈列的选样原则
- 了解橱窗陈列的构思技巧
- 清楚橱窗设计的基本流程
- 知道运用已学的陈列方法和构思技巧完成橱窗陈列设计

建议学时：21 课时

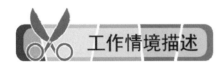

　　小雨在店铺内部陈列方面已经可以独挡一面，她清楚地知道店铺内部陈列的具体流程，有哪些注意事项，如何吸引顾客的眼球。但是小雨还没有接触过橱窗陈列，因此小雨主动跟主管要求参与橱窗陈列的工作。

　　活动1：橱窗的构造形式与选样原则
　　活动2：橱窗陈列的构思技巧

学习活动 1
橱窗的构造形式与选样原则

- 了解橱窗陈列的由来和意义
- 知道橱窗的几种形式
- 清楚橱窗陈列的选样原则

电脑、PPT 课件、工作页、实训手册、杂志、网络资源、剪刀、照相机等

小雨的故事
STORY……

兼职两个月以来，小雨学到了很多店铺陈列的技巧，对于顾客的一些浏览、购物习惯也了解不少，她想挑战一下橱窗的陈列。

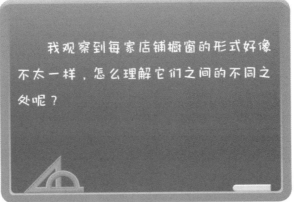

我观察到每家店铺橱窗的形式好像不太一样，怎么理解它们之间的不同之处呢？

在不同的店铺中，橱窗会有不同的展示形态。不同的品牌对每个店铺也有不同的展示诉求，都需要更好地展示服饰品牌的文化。接下来，我们开始探讨橱窗设计。

学习过程

1. 橱窗陈列的由来和意义

橱窗是由古代商业建筑中的窗户演变而来的。古代的商业建筑中并没有橱窗，到了近代，随着商业的发展，窗户的功能被扩大化，从而出现了展示商品、营造气氛、吸引顾客的橱窗。

1900年，欧洲开始发展商业和百货业，橱窗设计作为商品的一种销售方式和销售技术出现。20世纪90年代，欧美等国家的品牌旗舰店、概念店出现并流行，人们开始用橱窗来营造店铺的氛围。

橱窗不仅是店面形象的重要组成部分，而且是体现商品风格和卖场内涵的最佳空间。有人称橱窗为品牌的眼睛，是商店内部商品的信息传达工具，它有独特的艺术表现特征，起到一定的传达品牌理念，诱导、吸引顾客和促进销售的作用。

有效的服饰橱窗陈列包含对商品进行巧妙的布置、陈列，借助于展品装饰物和背景处理以及运用色彩照明等手段，或者利用立体媒体和平面媒体结合橱窗的空间设计，营造一种突出的视觉体验艺术效果。

2. 橱窗的形式有哪几种？

（1）封闭式橱窗

封闭式橱窗背景用隔板与店堂隔开，在商店外部不能看见店堂内部，形成一个独立的空间。封闭式橱窗陈列多用于大型综合性商场，橱窗的背景被全部封闭，与营业空间隔绝，形成独特的空间。临街一方安装的玻璃形成欣赏的窗口，侧面可以采用开门形式，便于工作人员进入整理和布置陈列商品。许多国际大牌也都采用这种橱窗构造方式，来彰显品牌的尊贵和保护贵宾客户的私密性（图3-1-1）。

图 3-1-1　封闭式橱窗

（2）半封闭式橱窗

半封闭式是橱窗背景采用半隔绝、通透形式，可用隔断或屏风与店堂隔开。人们可以通过橱窗看到商店内部的部分面貌，隐隐约约，颇具神秘感（图3-1-2）。

图 3-1-2　半封闭式橱窗

（3）敞开式橱窗

敞开式是橱窗没有背景隔板，直接与营业场地空间相通，人们通过玻璃可以看到店内全貌。当商店希望以内部购物环境来吸引顾客的情况下，往往会采用这种橱窗的构造形式（图3-1-3）。

图 3-1-3　敞开式橱窗

3. 橱窗陈列的选样原则是什么？

橱窗陈列的选样非常重要。因为橱窗陈列是代表品牌形象的窗口，因此要选择具有代表性的服饰产品。这些样品既要求是当季的流行新品，又要求设计感强、细节丰富，并且一般为整个店铺里品质较高的商品。通常畅销款不应摆放在橱窗里，以免使顾客觉得没有新意。

另外，橱窗里的服装商品也不适合单独陈列，宜配套出样，旁边配以相关的服装和配饰，以形成完整的产品形象。图3-1-4中橱窗陈列的选样是当季的流行新品，设计感强并且细节丰富；图3-1-5中橱窗里的服装商品，配有相关的包袋和鞋，有整体的搭配，形成了完整的产品形象。

图 3-1-4　最新流行单品

图 3-1-5　配套的橱窗展示

一个值得注意的问题是：当橱窗里人台出样的数目超过两个时，要考虑模特着装的关联性。当季的流行元素（色彩、面料、细节等）应该以不同的款式出现在模特穿着的服装上，至少要保证多个模特穿着服装风格的一致性，以强化当季产品的整体风格，也能增加陈列空间的整体协调感，这一点在卖场陈列时也同样适用（图3-1-6）。

图 3-1-6　橱窗中多模特出样服装的关联性

4. 课内实训

表 3-1-1　典型案例

橱窗构造项目训练——素材收集	
	训练用时：90 分钟
项目训练准备： 　　计算机房、服装杂志、卡纸、笔记本、彩笔、剪刀、胶水或双面胶等	
项目训练要求： 　　课前完成组员安排，在规定时间内完成橱窗素材的搜集（封闭式、半封闭式、敞开式），并完成 PPT 的制作	

组员安排		任务分配
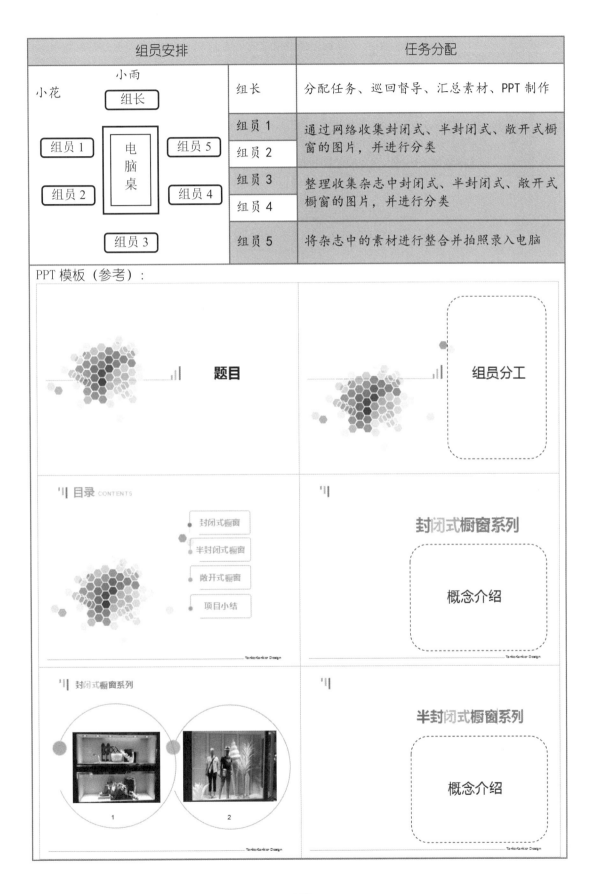	组长	分配任务、巡回督导、汇总素材、PPT制作
	组员1	通过网络收集封闭式、半封闭式、敞开式橱窗的图片，并进行分类
	组员2	
	组员3	整理收集杂志中封闭式、半封闭式、敞开式橱窗的图片，并进行分类
	组员4	
	组员5	将杂志中的素材进行整合并拍照录入电脑

PPT 模板（参考）：

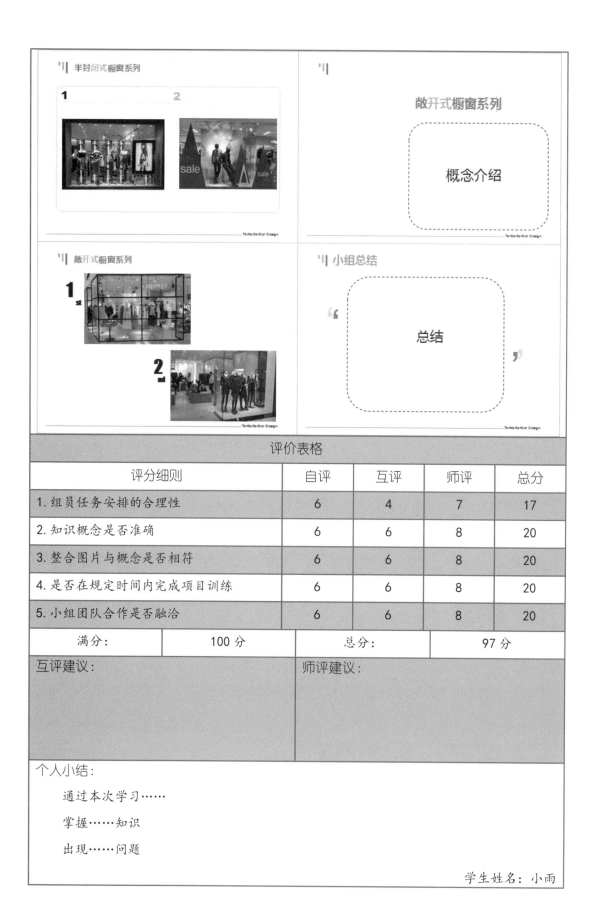

评价表格				
评分细则	自评	互评	师评	总分
1.组员任务安排的合理性	6	4	7	17
2.知识概念是否准确	6	6	8	20
3.整合图片与概念是否相符	6	6	8	20
4.是否在规定时间内完成项目训练	6	6	8	20
5.小组团队合作是否融洽	6	6	8	20

满分：	100 分	总分：	97 分

互评建议：	师评建议：

个人小结：

　　通过本次学习……

　　掌握……知识

　　出现……问题

学生姓名：小雨

表 3-1-2　实训作业

橱窗构造项目训练——PPT 成果分享 训练用时：140 分钟						
项目训练准备： 　多媒体、PPT、麦克风、互动式评价表、笔等						
项目训练要求： 　课前完善 PPT，确定发表人员，认真听取组外同学的成果并认真填写评价表，及时提出有效反馈						
项目训练时间： 　发表时间每组 8 分钟						
互动式评价表						
评 分 细 则	1. 组员任务安排的合理性（10 分）		自评 （30%）	互评 （30%）	师评 （40%）	
	2. 知识概念是否准确（20 分）					
	3. 整合图片与概念是否相符（20 分）					
	4. 发表人员的表达能力（10 分）					
	5. PPT 呈现的内容是否完整（10 分）					
	6. PPT 制作是否精美（10 分）					
	7. 是否在规定时间内完成项目训练（10 分）					
	8. 小组团队合作是否融洽（10 分）					
第一组	很出色：		自评	互评	师评	总分
	值得改进：					
互评建议：			师评建议：			

第二组	很出色:		自评	互评	师评	总分
	值得改进:					

互评建议:	师评建议:

· · · · · ·
根据实际分组情况调整

个人小结:

　　通过本次学习······

　　掌握······知识

　　出现······问题

学生姓名：小雨

118

学习活动 2
橱窗陈列的构思技巧

- 了解橱窗陈列的构思方法
- 认识橱窗陈列的不同风格表达
- 清楚橱窗设计的基本流程
- 运用已学的陈列方法和构思技巧完成橱窗陈列设计

电脑、PPT 课件、工作页、实训手册

小雨的故事
STORY...

　　橱窗的陈列变化无穷，小雨开始收集灵感素材，了解品牌新品设计理念，明确品牌的重要主题，准备设计橱窗陈列方案。

方老师，我会经常被橱窗里的场景吸引，怎样才能把橱窗布置得有声有色呢？

橱窗是品牌的第一张名片，在这个相对独立的空间，陈列师可以充分发挥创意，把品牌故事说好，把当季的新品通过创意展示出不同风格的橱窗以吸引顾客的目光，提高进店率。

店铺是品牌的脸面，橱窗是展示品牌形象的重要窗口。橱窗也是店铺的眼睛，店铺这张脸面有没有吸引力，眼睛尤为重要，要看你的眼睛会不会说话，会不会传情，能否在充分了解品牌文化的基础上，可以创造让人无限遐想的布置主题，让商品在几平方米内的空间中展示足够的魅力，使行人在橱窗前流连忘返，并吸引他们更多地进店。在快时尚品牌中ZARA特别注重店铺位置，也特别注重橱窗的设计，它的橱窗往往是最多、最大的，位置还格外醒目，有一双吸引人的"大眼睛"不怕吸引不到顾客。

在伦敦，人们特别关注橱窗陈列，这个充满创意的城市总能设计出令人称奇的陈列方式。

橱窗陈列会表现出流行趋势、相应的主题。主题能帮助表达产品的情绪，如果有一个明确的主题，会大大强化和加深顾客对陈列内容的认识与理解，并对当季产品产生遐想和期盼。陈列的主题是橱窗展示的中心思想，会给顾客以明确、生动、深刻的印象。通常橱窗展示的主题会延续到整个卖场的陈列中去，形成风格的统一性，加深消费者对当季品牌诉求点的印象。

1. 橱窗陈列的构思方法有哪几种？

（1）模拟生活场景

再现一定格调的理想生活情境是吸引目标消费者的最好手段。这样的生活场景既要符合目标消费群体的生活趣味，又要高于他们的实际生活状态，与他们现实品位相契合又是梦寐以求的，能最大限度地引起他们的共鸣，并产生对品牌的好感和信任感。图3-2-1的橱窗陈列布置了羚羊、青蛙、蝴蝶、枫叶、蘑菇等户外的动植物模型，营造出秋日里约上三五好友到户外游玩的情景，温馨又浪漫，使人产生无限美好的遐想。图3-2-2橱窗中展示了一个立体感的城市街道布景，四周的摄影镜头对准在路上摆POSE的模特，充满动感，时尚而有冲击力，让顾客立刻融入到设计者营造的气氛中。

图 3-2-1　模拟户外休闲游的场景

图 3-2-2　模拟拍摄时尚大片的场景

（2）推广品牌理念

　　品牌理念是服装橱窗陈列中最需要展示的核心，需要通过道具、许多场景，背景图案、图画，以及整个橱窗的艺术格调传递出来。图 3-2-3 上图的橱窗中道具、整体服装、饰品和背景的色调都属于暖色调，背景的暖灰色看似沉静内敛，却很好地衬托了服装和饰品的文化品质，似乎可以听到里面唱片机传出的悠扬的音乐。特别是背景的几张图画，皆是大型的动物王者，与爱马仕的品牌定位相称，传达出品牌高品质奢华理念，更具品牌的王者风范。图 3-2-3 下图同样也是爱马仕品牌橱窗，背景图画为老虎的刺绣画卷，特别是画框由厚实的头层纯牛皮编结而成，浑然一体，再加以与产品相近似的色彩，在全然诉说品牌的定位和故事。中心位置为经典的 KELLY 手拎包。

图 3-2-3　传达品牌品质理念

（3）表达产品要素

产品形成的过程往往是最能体现产品质量的重要环节，在这种橱窗陈列构思中，构成产品的款式图、设计草案、结构制板、特殊工艺、灵感源等理念的表达等都可以成为橱窗中集中表现的素材。图 3-2-4 左图中产品的结构纸样被陈列在墙上，这里就像一个设计工作间，制作好的服装自然随意地搭放在人台上。摆出的搭配状态也透露出在搭配环节中的一种思考状态。图 3-2-4 右图的橱窗是 PINK 衬衫品牌展示。后面的背景是款式图，与前面玻璃上的线框相一致，都是虚线表达。虚线又和线迹的形式很类似，从而此橱窗在工艺上的展示体现了传统英式 PINK 衬衫产品的高品质工艺。

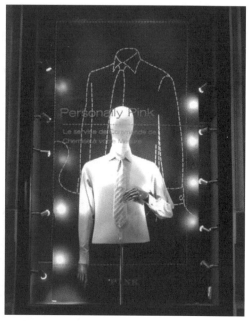

图 3-2-4　产品要素表达

（4）展示故事情景

与模拟生活场景不同，该创意思维是通过橱窗陈列为消费者讲述一个现实中并不存在的美丽故事，或者离现实生活较为遥远的场景。这种陈列设计利用魔幻、怪异等所有新奇、美妙的元素来引起顾客的好奇心和关注度，使人产生探究的念头，并在脑海中留下强烈的印象。图3-2-5上图长颈鹿脖子上系了三条围巾，还有一长段脖子在外面，很是幽默，似乎橱窗里面发生了什么故事。图3-2-5下图的整个橱窗成了昆虫世界，所有的昆虫都是统一颜色，这样场景可以简单地衬托出主体人物的服饰。她拿着一个捕捉昆虫的网子，动作像是正要捕捉昆虫。用心观察会发现网子无法捉住任何一只昆虫，还有昆虫在整个橱窗中的排列几乎是左右对称形式的，而人物正好在对称轴线上，提醒观者这不过是故事的演绎罢了。虽然是大场景表现，但也能做到视觉中心突出。

图 3-2-5　故事情景展示

（5）营造节日气氛

利用节假日的气氛做文章，用这些节假日的特有代表元素作为陈列的主题，如万圣节的骷髅、南瓜、蝙蝠、城堡，情人节的红玫瑰、气球、爱心等，使消费者能够通过橱窗就感受到浓烈的节日气氛，并为之所感染，从而促进消费。图3-2-6中橱窗中许多模特被换成骷髅人体骨骼，服装上也有骷髅图案，橱窗中间还有巨大的骷髅图形，并被幽默地加了几笔皱纹，同时也被许多色彩艳丽的鲜花装点，构成不一样的万圣节。图3-2-7中雪白的地面，红色的礼盒台面，背景的圣诞树图案，玻璃窗上贴印的两个小孩子在偷偷观看，像是在等待圣诞老人的礼物。特别是模特的头部被换成了驯鹿，高高的鹿角吸引人驻足观看，使得整个橱窗圣诞节日气氛浓厚，又不落俗套。

图 3-2-6　营造万节节日气氛

图 3-2-7　营造圣诞节节日气氛

（6）烘托季节主题

一年有四季的变化，服装随着季节的变化在不断推出新产品，橱窗设计要反映这种变化。季节变化不仅是人更换衣物的外在条件，而且对人的心理也有很大的影响，可以说，季节是一个感性的主题。橱窗应依据不同季节色彩的变化进行设计。

在季节这一主题当中，色彩的变奏和材料的律动是最突出的部分。除了主要通过服饰自身的特征来表达季节外，道具的使用也不可忽视，可以增加趣味，又突出时尚个性。季节主题橱窗是以季节来设定主题展示每一季的商品，多用于新品上市时期。图3-2-8模特脚下绿意盎然，使整个橱窗焕发出生命的气息，透过植物把春夏季的生机勃勃表现得淋漓尽致，也衬托出当季服装的主题。图3-2-9表现冬季的橱窗陈列，营造的是一个冬季滑雪的场景，背景似太空，地面是雪地，两个模特身着羽绒服，动作一致，一近一远，风驰电掣般向下俯冲。滑雪场景很好地传递了羽绒服的功能性，突出了服装主体。

图 3-2-8　烘托春夏季气氛

图 3-2-9　烘托冬季气氛

（7）强化打折诱惑

铺天盖地的打折宣传能极大程度地渲染购物气氛，对在场的所有消费者都是不小的诱惑。在橱窗陈列中出现促销打折广告，并以足够的视觉信息量化来强化这一信息，能将本无意走进商店的路人吸引进店，增加了潜在消费的机会。如图3-2-10所示，背景、前玻璃窗和挂通上都显示打折信息，清场销售的场面势必引起疯狂抢购；另一个橱窗全场五折，背景打折和玻璃上打折字样相关联，虽不像上面文字多，已然清楚传递了低折扣的信息。

图3-2-10　强化打折、促销

2. 橱窗的陈列风格有没有什么不同呢？

如小雨猜想的一样，橱窗确实会因为地域不一样，它在陈列展示手法、道具、技巧上会有所差异，这可能是为了更好的迎合不同国度的消费者的不同胃口，长时间积累下来就形成了相对有自身国度特色的橱窗陈列方式。目前鲜明的橱窗风格有四种，分别是英式风格、法意式风格、瑞士风格和美式风格。

（1）英式风格

英式风格橱窗整体氛围华贵端庄，充满着古典式的陈设，模特衣着带有绅士的严谨与尊贵特征，女性模特更突出其生活气息的营造。经典的英式元素和欧洲古典风格家具的结合更为英式风格橱窗增加了高品质生活的信息。

氛围格调型

特点：以家具陈设和橱窗环境营造出华美的印象，蕴含绅士的优雅格调。

模特：具有古典美，动态端庄，或无头模特。

装饰：注重外在和内在环境的营造，欧洲古典风格家具。

图 3-2-11　英式风格橱窗

（2）法意式风格

欧洲最主流的橱窗风格当属法意式风格。法意式风格透过已经深入人心的品牌影响力以及商品自身的上乘面料，显得特别自信，并大胆展示品牌引导潮流的设计，用产品的时尚信息吸引顾客的关注。因此，在法意式橱窗的展示中装饰道具往往显得有些"多余"。

自信品质型

特点：以商品自身的材质和工艺吸引消费。

模特：中性化表情。

装饰：不太需要，注重空间装修、灯光、道具等品质。

图 3-2-12　法意式风格橱窗

（3）瑞士风格

瑞士风格橱窗是橱窗中比较少见的橱窗风格，它往往以一种奇特的方式出现在顾客的眼前，让你在欣赏后赞叹不已，会产生无穷回味，让你流连忘返。手法是通过静态表现动态，以静传神的效果让你过目不忘。

高能技巧型

特点：讲究色彩搭配，注重细节结构体现，技法细腻生动有趣。

模特：需要有动作，并运用悬垂技巧。

装饰：生活化的道具。

图 3-2-13　瑞士风格橱窗

（4）美式风格

在橱窗风格中，占有特殊地位的是美式风格。美式风格与欧式风格存在明显差别，跟其国度商业性和美国文化密不可分。美式风格橱窗展示了独特的"大片式""歌剧院"式演绎，通过各种"表演"形式来显示其独特的魅力。背景环境制作逼真，模特神情各异，模特造型与环境完美融合，刻画得简直就是正在上演着的精彩大片。

舞台大片型

特点："舞台式"装饰风格。

模特：拟人化、怪诞或抽象化的模特。

装饰：注重营造氛围感，不注重产品细节的表现，注重故事情节展现。

图 3-2-14 美式风格橱窗

3. 橱窗设计的基本流程

橱窗设计的流程,要依据内容、条件以及店铺的规模、商品种类而定,但基本原则不会有太大的变化。

不论情况如何,首先必须决定主题和展示目的,然后考虑目标顾客的特点。在设计中,一定要围绕商品的属性和品牌形象特征来进行,明确所要突出的特点。最终的视觉方案必须确定展示的整体风格和相应采取的手段相适合。

(1)根据当季品牌服装设计流行主题寻找灵感构思。

（2）想法需要经过实验证明是否可实现。

（3）根据实验结果绘制橱窗效果图。

（4）结合品牌当季服装广告大片，选取元素修正橱窗效果图。

（5）运用服装广告大片素材制作橱窗背景。

（6）制作地面，实现橱窗整体效果。

（7）购买或制作道具。

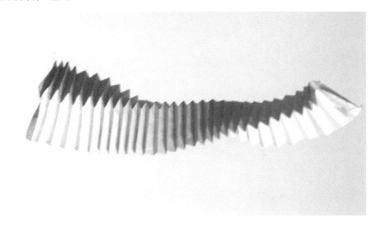

（8）悬挂制作好的道具，营造橱窗氛围。

（9）模特穿衣、位置摆放和调整灯光。

4. 课内实训与作业

表 3-2-1　典型案例 1

橱窗陈列设计项目训练——素材收集	
	训练用时：2 课时
项目训练准备： 　　计算机房、服装杂志、卡纸、笔记本、彩笔、剪刀、胶水或双面胶等	
项目训练要求： 　　课前完成组员安排，在规定时间内完成橱窗陈列素材的搜集（模拟生活场景、设计故事、节日气氛、打折诱惑），并完成 PPT 的制作	

组员安排		任务分配
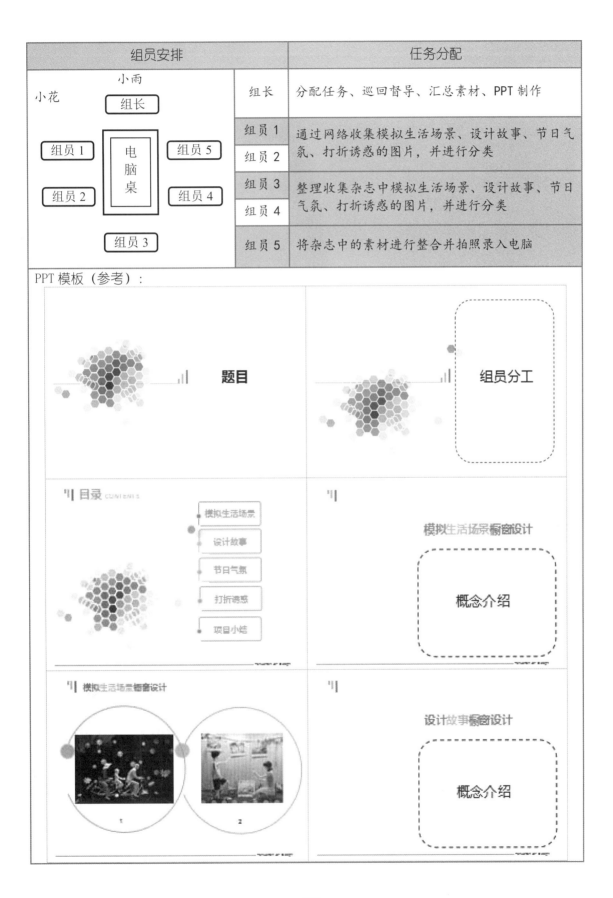	组长	分配任务、巡回督导、汇总素材、PPT 制作
	组员 1	通过网络收集模拟生活场景、设计故事、节日气氛、打折诱惑的图片，并进行分类
	组员 2	
	组员 3	整理收集杂志中模拟生活场景、设计故事、节日气氛、打折诱惑的图片，并进行分类
	组员 4	
	组员 5	将杂志中的素材进行整合并拍照录入电脑

PPT 模板（参考）：

评价表格

评分细则	自评	互评	师评	总分
1.组员任务安排的合理性	6	4	7	17
2.知识概念是否准确	6	6	8	20
3.整合图片与概念是否相符	6	6	8	20
4.是否在规定时间内完成项目训练	6	6	8	20
5.小组团队合作是否融洽	6	6	8	20
满分:	100 分	总分:		97 分

互评建议：	师评建议：

个人小结：

　　通过本次学习……

　　掌握……知识

　　出现……问题

学生姓名：小雨

表 3-2-2　实训作业 1

橱窗陈列设计项目训练——PPT 成果分享				
				训练用时：3 课时
项目训练准备： 　　多媒体、PPT、麦克风、互动式评价表、笔等				
项目训练要求： 　　课前完善 PPT，确定发表人员，认真听取组外同学的成果并认真填写评价表，及时提出有效反馈。				
项目训练时间： 　　发表时间每组 8 分钟				
互动式评价表				
评分细则	1. 组员任务安排的合理性（10 分）	自评 （30%）	互评 （30%）	师评 （40%）
	2. 知识概念是否准确（20 分）			
	3. 整合图片与概念是否相符（20 分）			
	4. 发表人员的表达能力（10 分）			
	5. PPT 呈现的内容是否完整（10 分）			
	6. PPT 制作是否精美（10 分）			
	7. 是否在规定时间内完成项目训练（10 分）			
	8. 小组团队合作是否融洽（10 分）			

第一组	很出色：		自评	互评	师评	总分
	值得改进：					

互评建议：		师评建议：

第二组	很出色：		自评	互评	师评	总分
	值得改进：					

互评建议：		师评建议：

······
（根据实际分组增加）

个人小结：

　　通过本次学习······

　　掌握······知识

　　出现······问题

学生姓名：小雨

表 3-2-3　典型案例 2

橱窗陈列设计项目训练——立体模型

训练用时：3 课时

项目训练准备：

　　打印素材、服装杂志、卡纸、笔记本、彩笔、剪刀、胶水或双面胶等

项目训练要求：

　　课前完成组员安排，在规定时间内确定橱窗陈列主题（模拟生活场景、设计故事、节日气氛、打折诱惑），并完成卡片的制作

组员安排	任务分配	
小雨 组长 小花 组员1　电脑桌　组员5 组员2　　　组员4 组员3	组长	确定主题、分配任务、巡回督导、拍摄完成图
	组员1 组员2	根据所确定的主题进行素材的整合
	组员3 组员4	利用所有整合素材进行卡片制作
	组员5	配合其他组员完成相应的辅助工作

橱窗陈列设计主题：节日气氛——万圣节

橱窗陈列设计说明：

　　运用万圣节的各种元素（南瓜、骷髅、糖果、蝙蝠等），进行素材的整合，配合万圣节的节日色彩，进行橱窗的设计，重点突出夜幕下闪烁的万圣节。

万圣节元素：

设计草图：	立体模型效果：

评价表格

评分细则	自评	互评	师评	总分
1.组员任务安排的合理性	6	4	7	17
2.知识概念是否准确	6	6	8	20
3.整合图片与概念是否相符	6	6	8	20
4.是否在规定时间内完成项目训练	6	6	8	20
5.小组团队合作是否融洽	6	6	8	20

满分：	100分	总分：	97分

互评建议：

师评建议：

个人小结：

　　通过本次学习……

　　掌握……知识

　　出现……问题

学生姓名：小雨

表 3-2-4　实训作业 2

橱窗陈列设计项目训练——立体模型
训练用时：3 课时

项目训练准备：

打印素材、服装杂志、卡纸、笔记本、彩笔、剪刀、胶水或双面胶等

项目训练要求：

课前完成组员安排，在规定时间内确定橱窗陈列主题（模拟生活场景、设计故事、节日气氛、打折诱惑），并完成卡片的制作。

组员安排	任务分配	
	组长	确定主题、分配任务、巡回督导、拍摄完成图
	组员 1 组员 2	根据所确定的主题进行素材的整合
	组员 3 组员 4	利用所有整合素材进行卡片制作
	组员 5	配合其他组员完成相应的辅助工作

橱窗陈列设计主题： 节日气——万圣节

橱窗陈列设计说明：

运用万圣节的各种元素（南瓜、骷髅、糖果、蝙蝠等），进行素材的整合，配合万圣节的节日色彩，进行橱窗的设计，重点突出夜幕下闪烁的万圣节。

_____元素：

平面效果（设计稿）：	立体模型效果：

评价表格				
评分细则	自评	互评	师评	总分
1. 组员任务安排的合理性				

2. 知识概念是否准确			
3. 整合图片与概念是否相符			
4. 是否在规定时间内完成项目训练			
5. 小组团队合作是否融洽			

满分：	100 分	总分：	

互评建议：	师评建议：

个人小结：
  通过本次学习……
  掌握……知识
  出现……问题

学生姓名：

表 3-2-5　典型案例 3

橱窗陈列设计项目训练——橱窗设计	
	训练用时：6 课时

项目训练准备：
　　橱窗、人模、道具、服装、配饰、固定用工具等

项目训练要求：
　　课前完成组员安排，在规定时间，以立体模型为参考完成橱窗陈列设计。

组员安排	任务分配	
组长 组员 1 组员 2 组员 3 组员 4 组员 5　橱窗	组长	分配任务、巡回督导、拍摄完成图
	组员 1 组员 2	根据所确定的主题进行人模、服装、道具、配饰等的选择
	组员 3 组员 4	利用所有资源进行橱窗的陈列设计
	组员 5	配合其他组员完成相应的辅助工作

立体模型效果：

橱窗陈列效果：

评价表格				
评分细则	自评	互评	师评	总分
1.组员任务安排的合理性	6	4	7	17
2.立体模型与橱窗陈列的吻合度	6	6	8	20
3.人模、道具、服装、配饰的陈列是否规范	6	6	8	20
4.灯光的选用是否合理	6	6	8	20
5.小组团队合作是否融洽	6	6	8	20
满分：	100 分	总分：		97 分

互评建议：

师评建议：

个人小结：

　　通过本次学习……

　　掌握……知识

　　出现……问题

学生姓名：小雨

表 3-2-6　实训作业 3

橱窗陈列设计项目训练——橱窗设计
训练用时：6 课时

项目训练准备：

　　橱窗、人模、道具、服装、配饰、固定用工具等

项目训练要求：

　　课前完成组员安排，在规定时间，以立体模型为参考完成橱窗陈列设计。

组员安排	任务分配	
组长 组员 1 组员 2 组员 3 组员 4 组员 5　　橱窗	组长	分配任务、巡回督导、拍摄完成图
	组员 1 组员 2	根据所确定的主题进行人模、服装、道具、配饰等的选择
	组员 3 组员 4	利用所有资源进行橱窗的陈列设计
	组员 5	配合其他组员完成相应的辅助工作

立体模型效果：	橱窗陈列效果：

评价表格				
评分细则	自评	互评	师评	总分
1.组员任务安排的合理性				
2.立体模型与橱窗陈列的吻合度				
3.人模、道具、服装、配饰的陈列是否规范				
4.灯光的选用是否合理				
5.小组团队合作是否融洽				
满分：	100 分		总分：	

互评建议:	师评建议:

个人小结:

通过本次学习……

掌握……知识

出现……问题

学生姓名:

学习活动 3
品牌陈列橱窗调研

- 了解品牌陈列及橱窗设计的整体关系
- 认识品牌陈列调研的必要性
- 清楚品牌陈列调研的基本内容和操作
- 运用已学的服装陈列理论知识分析整体店铺优缺点及提出改进措施

电脑、PPT 课件、相机、统计记录材料、调研纲要

小雨的故事
STORY....

感觉橱窗陈列学习接近尾声了，小雨感到很兴奋，就要迫不及待地去品牌店铺实践操作一番。她想使用在课程当中所学到的全部本领，很想把在学习过程中所产生的许多想法能真正实现出来。

方老师，我现在是不是就具备了所有服装陈列的本领了呢？我好想马上去工作中实践一番。

小雨同学，先别急，你学得怎么样？除了平时的作业表现，还有一项需要协作的重要任务可以验证你的学习效果。工作前一定要学会调研本领。

 **学习过程**

1. 陈列知识我们不是都学了吗？为什么还要去做陈列调研呢？

一般来说，一个会作画的艺术家，他一定也是一个会欣赏绘画艺术的人。他绘画得怎么样？通常他的欣赏视角及水平也是怎样的。在我们开始工作之前，品牌服装的陈列调研就能很好地检验我们的学习效果，同时，也是更进一步深入学习服装橱窗设计和卖场陈列整体关系的重要机会。

对服装陈列及橱窗设计整体效果的调研，可以了解不同品牌独特的陈列文化，学习橱窗陈列设计及其他陈列设计方式、方法和技巧在具体商品销售中具体应用；也可以从不同品牌服装橱窗的设计中解读品牌的文化内涵，有助于指导我们今后更好地实践；通过分析服装店铺整体陈列的优缺点评价，并大胆提出自己的独特见解，能让我们更好地掌握服装陈列这门技术。

2. 完成陈列调研任务到底有多大必要性呢？

服装陈列调研很大的必要性就是为后续工作寻找方向。对接下来要开展什么样的工作，怎样开展工作，先从哪里下手等一系列工作都依赖于卖场的陈列调研。只有通过有效的整体卖场陈列调研才能发现明显的问题以及隐而未现的潜在问题，及时调整，避免有较大的纰漏出现，造成销量的下滑。通过卖场实际调研，对不同区域、不同陈列方式、不同的服装品类、颜色、款式所产生的销售数据等信息进行统计，这样更有助于找到对应有效的解决方案。

3. 在做服装品牌陈列调研时需要对哪些基本内容开展调研？

（1）品牌定位调研

品牌定位调研是品牌文化的常规性调研，其内容包含品牌理念、商品品类、价格体系、顾客定位和生活方式等。

（2）店铺客流调研

主要围绕品牌店铺实际的顾客流量和客流动线情况进行数据分析，并做店铺客流整体分析说明，总结店铺客流规划的优点和问题，并阐述改进的方法措施。

（3）橱窗陈列调研

这部分调研需要紧密结合品牌文化，结合该课程所学的橱窗陈列的形式、构思方法和橱窗风格展开调研，对橱窗主题和视觉技术手法加以分析，总结其优点和问题，并提出改进建议。

（4）店内陈列调研

店内陈列调研主要包含区域陈列、入口陈列、中岛陈列、板墙陈列和橱窗陈列等，需结合店铺内部品类区域性划分和功能区域划分以及实际应用的情况进行调研，并对店铺陈列整体进行分析，总结提炼其优点和存在的问题，并尝试提出改进思路。

（5）陈列维护调研

陈列维护调研主要包括店面形象维护、店内形象维护、器架道具维护、照明与设备和店员形象等内容，这些都事关品牌店铺的整体品质形象，也事关品牌的文化认同。从应用实际出发，对店铺陈列维护情况进行整体分析，找出品牌的优势和不足，并提出完善的方法和路径。

1. 学生根据教师所给的调研任务安排和教师所给示范案例，自评自己在陈列知识上的不足，并记录于工作页。
2. 小组同学一起讨论调研品牌、调研内容及方法等。

★典型案例请见本书附录三

表3-3-1　调研作业

品牌陈列橱窗调研项目	
任务次序	任务安排及组员分工
1	选择调研的品牌及所在商圈，可选择学习目标、就业目标的品牌
2	通过实体店铺并结合互联网对品牌文化定位等信息进行调研活动
3	选择合适的时间段，实际统计店铺客流并绘图分析
4	调研分析品牌的橱窗设计
5	通过分工协作对店铺进行拍照收集资料，并分析店内陈列情况，以评估陈列效果
6	对品牌店铺整体陈列维护情况进行分工调研

任务要求：

（1）研究橱窗设计与整体店铺陈列的关系，以及与商品销售的关系

（2）时刻记录下调研过程中的统计数据或路线规划等信息。并做到实事求是、一丝不苟地完成

（3）为更好地调研创造条件，可与店员进行有效的沟通，掌握具体的销售信息对调整陈列方案有很大帮助

个人小结：

　　通过这次调研了解……

　　掌握……知识

　　发现……问题

学生姓名：小雨

附录一 优秀橱窗陈列作品欣赏

附 1-1 粉红色与黄色的撞色运用

　　两个模特都有偏黄色上衣、黑色帽子、粉红色的鞋子，这些作为橱窗中相一致的元素。另外，站立模特的粉红色裙子、围巾，对应坐着模特的红色包和台面上红色三角形，红色在整体大面积的背景下，显得上下跳动，形态各异，吸引了消费者的目光。

附 1-2　圆孔，富有变化的重复

　　圆孔背景装饰使整体氛围更具层次感，将模特前中后的位置关系进一步地强化，使顾客感到橱窗的纵深感增强了。除此以外，通过背景模特的设计，产生高中低层次模特疏密变化的差别，使整个橱窗具有画面设计感。形态元素都集中在大圆圈的中间位置，视觉中心突出，色彩虽有些单调，但这样一番表现使人印象深刻。

附 1-3　重复展示的运用

　　这是一个鞋类橱窗。它体现了对比和统一的美学观念，并透出特异的一种表现形式。对比体现在实物与图片，大与小，背景颜色与质地，以及细节特异等。统一在于鞋的颜色、方向、展示空间大小，除了图片外，每款鞋都是单独的顶光角度一致照射，明暗效果统一。这样重复式展示目的就是表明这是唯一主体的鞋，且是重点鞋型。

附 1-4　童年的美好时光

　　在这个橱窗中模特的朝向有互动关系。模特一前一后，大木马和小木马也是一前一后。大木马成为整体橱窗的一个背景，颜色比较鲜艳，可以很好地衬托前面的主体服装。细心观察模特底座杆的位置都偏向左边，而马的朝向都偏向右边，这样整体视觉更能巧妙地给人一种平衡感。再者大木马和小木马一高一低错落，女模特裙摆和男模特裤口的长短变化，都能显示出一种平衡性的设计。最后，马蹄儿部分的轮子，刚好在整个橱窗中左右两边，左边一个大的，右面两个小的，交相呼应，整体橱窗取得了很好的平衡效果。

附 1-5　组合陈列配置

　　这是店门口的两个橱窗，店门有意地放在了后面，使顾客在不进门的情况下，就能正侧面多角度观看橱窗中的服装，也许顾客不由自主地就进到卖场了。橱窗通透明亮，是全开放式橱窗，透过橱窗可以看到内部整洁有序的商品和宽敞的环境，给人舒适的观感体验。店门两边为两组模特、两个橱窗，可以从服装的色彩搭配组合能看出是两个不同系列的产品。两组模特动态演绎突出，一个模特坐在了地上，极具张力，橱窗的动与店内的静形成了很强的对比，很好地起到了吸引人的目的。细致观察发现地台与店内部地面是一体的，有同样的高度，也与店外地面高度相一致，这能看出这一意大利品牌不做作、亲民性的表现。

附 1-6　品牌标识色彩的强化运用

　　Tommy Hilfiger 是经典美式风格服装品牌，其标识是经典的旗帜型标识，其色彩为红白蓝三色。此橱窗地板的形态与其标识形状相同，色彩对比也是其标识的色彩组合，整体背景红白色加上橱窗框架颜色也是标识的色彩组合。另外，背景中立体画框的色彩组合仍然是标识的色彩组合。再有服装的小细节，袖口也是标识性的色彩对比组合。整体橱窗标识色彩运用巧妙，色彩对比元素突出。

附 1-7　元素提取

　　本橱窗突出的元素为背景立体巨大的花。细看你会发现，这几朵花的原型来自于包、鞋上面的立体花型的装饰。它们被放大多倍，这增添了橱窗里的色彩和造型，这样非常规比例的事物自然会起到吸引人的目的，也使有彩色的背景能很好地衬托前景黑白两色人模服饰组合。另外，模特为走路动态，与背景动静结合，右手拎着的包很好地正面展示了立体花卉装饰，也与背景花卉对应起来。模特面部与背景花朝向一致，强调了模特和背景的紧密联系。

附 1-8　色彩、造型综合运用

　　整体橱窗给人动静对比的印象，猴子拿包的动作、半身探出来的狮子都充满了动感和紧张的气氛，背景复杂，动物的身上也布满了图案与模特服装简单产生了对比，通过对比使陈列主体更突出。动物身上图案色彩为红色，背景和地面的图案为深蓝色，这其中也有对比意味。三个动物的不同位置联系起来就是前中后、上中下，也在不同的方位下组成三角形构成。因此，从整体橱窗看为大长方形，三个动物组成三角形，最后聚焦于人模服装为视觉的中心。

附 1-9 富有想象力的创意

　　此橱窗中放置了一个巨大的餐盘，里面有许多奶油造型装饰其中，中间位置立面角度竟然陈列了三个高帮靴子。三个靴子颜色有点马卡龙色彩，算是秀色可餐，但靴子是穿在脚上的，这个创意也令人不可思议，让人印象深刻。奶油的清淡颜色与背景盘子融合成背景更有利于突出三个主体商品。

附 1-10　线条的运用

　　三个人模服装组合都带着爵士帽，本来三个模特就是一个高度，这样一来整体显得更加的沉闷。然而，长颈鹿的出现打破了这个僵局，使整个主题陈列展示出生动有趣的一面。长颈鹿身上的图案和裙子的图案内容相同，只是色彩不同。地台上面也有统一的图案，色彩与模特裙子色彩相同。这样使得图案在高中低不同位置出现，成为这一主题陈列中最活跃的符号。

附 1-11　多模特组合橱窗

　　橱窗中实体模特有五个，在这样一个不大、又不高的空间中略显拥挤。但此橱窗模特的摆放很有美感。首先模特分组明确，左边两人一组，中间两人一组，右边一人单独一组。再看动态，中间最高点的模特与左前方第一个模特动态一样，一个是最后面也是最高的，另一个是最前面也是最低的，这样把模特联系得更密切。再细看模特的脸部朝向，左边的有互动关系，中间两个似乎没有互动关系，中间的模特与最右边的模特身体和脸部朝向很协调，很有互动性，这样把中间和右边的模特很好地联系在了一起。最后，模特高度呈现高中低、前中后层次分明，富有节奏感，仔细观察眼镜的装饰具有间隔效果。并且，观察高中低不同模特头部位置，最左、最右和最后最高的模特头部形成三角形构成，可以很好地达到橱窗中的平衡效果。

附 1-12　趣味故事情景展示

　　橱窗中最醒目的就是硕大的狮子口，本该是很恐怖的，这里表现得却独具趣味性。首先，这是一个马戏团表演的场景。狮子踩在圆球上，狮子和球是平面的，没有半点恐怖色彩，大口是一个标准圆环靶子，是整个橱窗中最大的圆形，成了视觉中心。前面的黑色短靴和水桶很自然地让人联想到海洋馆里的表演人员装束，桶里的领带好像是鼓励动物表演用的食物。再者，从构成视角来看，狮子口是许多圆形的组合，脚下踩的圆形、黑色海豹顶的球也是圆形，水桶圆口和圆底都是圆形，这样圆形充满了整个橱窗上中下、前中后等不同位置。圆形天然就是可爱的元素，童趣惹人喜爱。最后，商品的位置与每个圆形位置巧妙结合，非但不突兀，还使整个故事情景给人联想的空间。

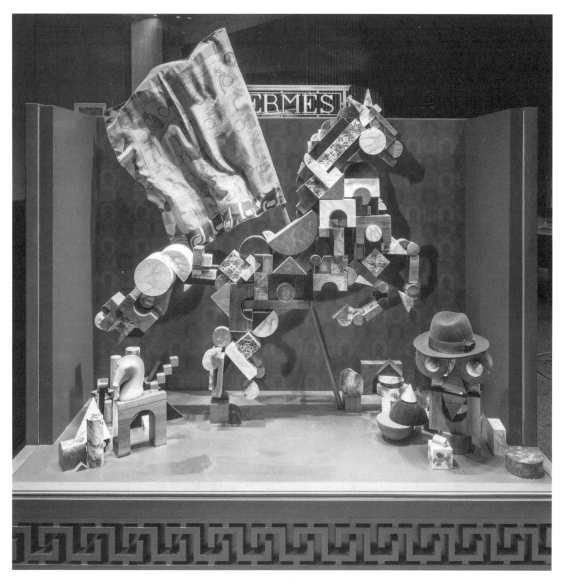

附 1-13 模拟场景的运用

橱窗很像一个小孩子搭建的积木游戏，棱棱角角的积木厚重有力，似乎有隐形的武者在策马奔腾的场景，生动且趣味十足。特别是这块爱马仕方巾大旗很巧妙又生动地与马的动态协调起来，也突出了该橱窗展示主题商品。

附1-14 字母造型的运用

　　此橱窗进深空间和高度都有很大余量可以变化，人模动态与字母形状很好地和谐统一。前后模特，动态上的呼应，强调了上下服装的联系。前面模特的短裙与后面模特服饰颜色一致。前面大面积是粉红色，与后面模特红色上衣既有呼应又有对比，具有层次感。并且通过灯光效果，前后层次对比十分鲜明。另外，后面模特的手包是豹纹的，与前面模特的鞋子豹纹一前一后、一上一下相呼应。

附 1-15　破壳的产品

　　这个橱窗的中心就是一个巨大的心形雕塑。而这个心形中间，有唯一一款服装，这款服装模特的头部被遮挡，脚也被遮挡，这样整体更加凸显服装。可见这款服装在整个橱窗中的分量，应该是一款强烈推荐的主款产品。服装色彩和心型的色彩比较有一致性，虽然材料与形态在元素上具有对比性，但不会使人觉得突兀，相反使人印象深刻。

附 2-1　万圣节主题服装店橱窗　设计：谢雅　蔡佳媚

附 2-2 冬季主题服装店橱窗 设计：杨静 黄飞霞

附 2-3 浪漫主题服饰品店橱窗 设计：徐梦茜 杜心雨

附 2-4　秋季主题包店橱窗　设计：董婷婷　何丽

附 2-5　朋克风鞋店橱窗　设计：孙慧泽

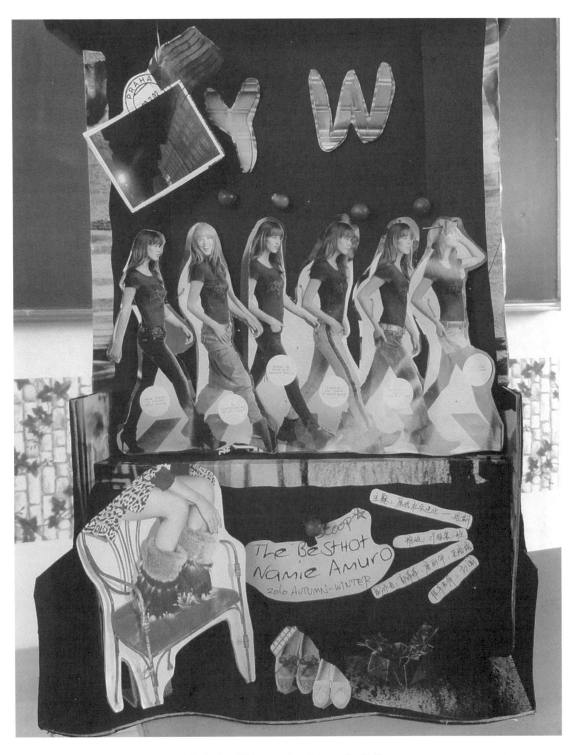

附 2-6　鞋店橱窗　设计：郭菲菲

附 2-7　田园风店铺　设计：胡晴　刘晓旺　刘霜

172

附 2-8　另类休闲服饰店铺　设计：齐睿　彭渝　张静静

附 2-9　中式服装店铺　设计：郭星星　王正

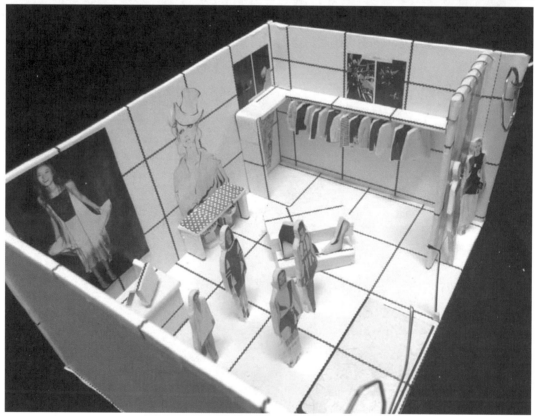

附2-10 高级时装店铺 设计：赵梅兰 努尔达娜

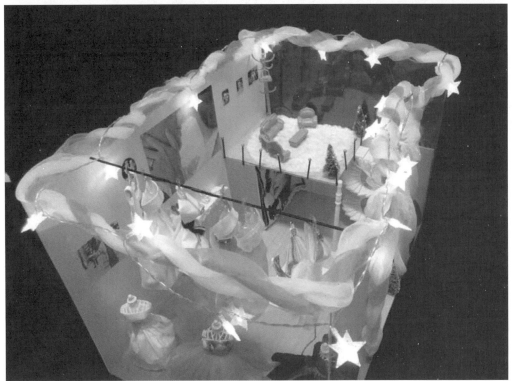

附 2-11　优雅服装店铺　设计：穆亚塞尔　古力孜巴

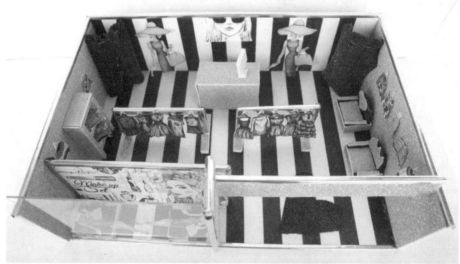

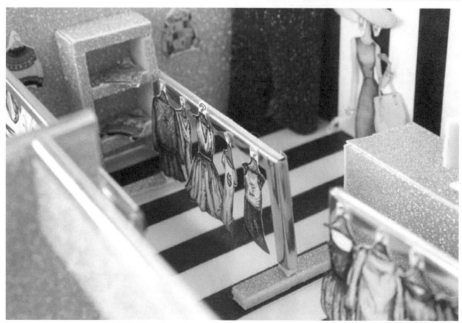

附 2-12　度假风格服装店铺　设计：杨家瑶

附 2-13　都市时尚女装橱窗

附 2-14　清新有趣的女装橱窗

附 2-15　青少年都市时尚橱窗

附 2-16　艺术气息的橱窗

附录三　品牌陈列橱窗调研案例

BASIC HOUSE
陈列调研报告

姓名：谷漫　刘奕婷
学号：1405142108　1405142123
课程名称：服装陈列
指导老师：王士林

 调研小组成员介绍

刘奕婷　23号

谷漫　8号

▷ 品牌定位

▷ 店铺客流

▷ 橱窗陈列

▷ 店内陈列

▷ 陈列维护

品牌定位

品牌理念

商品品类

价格体系

顾客定位

生活方式

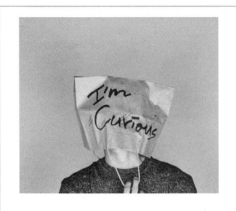

品牌历史

品牌公司成立时间：2005年12月

商标注册地点：韩国

品牌定位

　　是目前韩国服装品牌中知名度和销量双第一的品牌，旗下拥有众多品牌进入中国市场。品牌推崇"简约品味，舒适自如"的生活方式，强调从现代喧闹社会中回归生活核心价值；回归本源及自然乐趣，休闲而不失时尚。

商品分类

　　百家好产品包括女装、男装、童装，还有相应搭配的饰品、鞋类等。

　　女装：色彩跳跃鲜艳，面料以棉麻为主。（针对中国市场）

　　男装：风格时尚且年轻化，是时尚型男潮男的热爱。

　　童装：简单新潮偏重帅气，有些许欧美风格。

大类：

商品产品线	服装	配饰	
商品性别	男	女	童装
商品季节	四季		
商品系列	设计款	基础款	

细分：

服装	上装	毛衣（长）	毛衣(短)	T/卫衣（长）	T/卫衣（短）	外套	夹克	衬衫
		雪纺衫	马甲	大衣	风衣	棉服	连衣裙	
	下装	牛仔裤	休闲裤	半裙				
配饰	包	帽子	墨镜	头饰	首饰			

款式分类

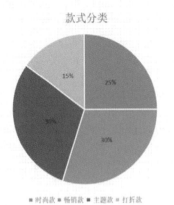

■时尚款 ■畅销款 ■主题款 ■打折款

商场以时尚款吸引消费者眼球，畅销款为基本款，增加销售额，打折款少量，基本为过季剩余畅销款。

此次调研商场以春夏款为主，所以T恤和卫衣连衣裙比例较重。

商品分类

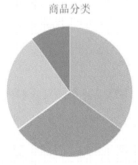

■上衣 ■裤子 ■连衣裙 ■大衣

品类	价格区间
毛衣（长）	177—768
毛衣（短）	209—658
T/卫衣（长）	179—299
T/卫衣（短）	121—419
厚外套	409—2189
薄外套	449—842
马甲	269—499
长衬衫	121—599

品类	价格区间
短衬衫	141—330
大衣	449—1557
风衣	449—711
棉服	289—1999
牛仔裤	141—419
休闲裤	119—419
半裙	298—539
连衣裙	249—599
配饰	218—479

价格体系

百家好价格一般在100－3000元不等，一般来说是大众能够接受的休闲品牌

消费群体年龄	18—35岁
消费能力	依靠长辈或有较稳定的收入
消费者职业	学生、白领
消费观念	希望有属于自己的一种风格
时尚态度	追随时尚，与潮流及时尚接轨
生活态度	朝气蓬勃，热爱与享受生活
休闲方式	出入较为小资场所、运动、阅读

Enjoy City Life

—

A place where many different people communicate together
A place where you can easily enjoy cultural variety without inconvenience in everyday life
Beyond the concepts and limitations of time in day and night
With street lights that illuminate the city, colorful signs, and a multitude of headlights.
A place where you can enjoy night so bright. I love and enjoy the city life there.

店铺客流

顾客流量

客流动线

店铺客流整体分析

统计项目	统计结果	抽样时间	备注
客流量	86人	15：00－16：00	女75%，男25%
进店量	34人	15：00－16：00	女90%，男10%
进店率	39%	15：00－16：00	
触摸率	23%	15：00－16：00	见下图
试穿率	14%	15：00－16：00	见下图
成交率	8%	15：00－16：00	见下图
连带销售比	1.3	15：00－16：00	3单生意中，共售出4件商品

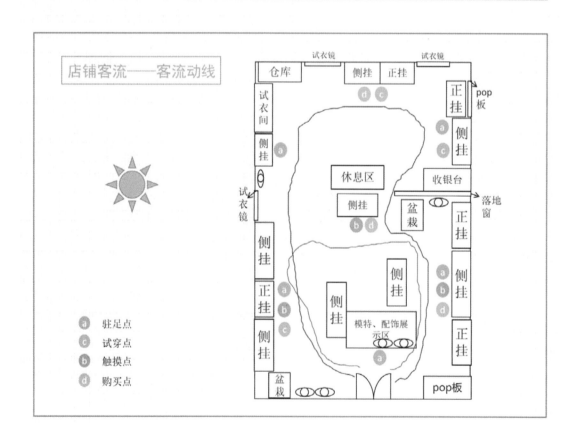

店铺客流——客流动线

- a 驻足点
- c 试穿点
- b 触摸点
- d 购买点

橱窗陈列

橱窗主题

视觉手法

橱窗主题

1. 橱窗时间主题：夏
2. 橱窗商品主题：中档价格款式新颖的服装
3. 橱窗设计主题：简洁舒适
4. 橱窗目标信息传达： 橱窗简单，考虑到店铺整体空间效果，设置成没有背景使得空间大，能透露出品牌的整体风格，吸引同类消费者。主要由两个模特穿搭色彩绚丽和款式新颖的服装吸引消费者，植被较多，整体一种简约自然的属性，也表达出品牌风格理念。

视觉手法

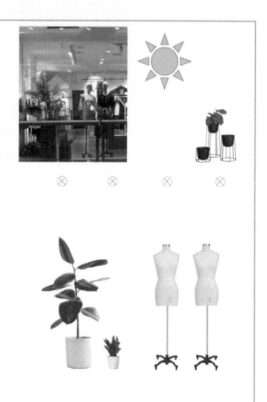

1. 橱窗平面构成手法：平衡、对比
2. 橱窗立体构成手法：大小变化、色彩节奏与对比、过渡与呼应
3. 橱窗演绎手法：此橱窗利用带轮模特、植被和灯光为主营造简单清爽的风格。模特产生间隔、呼应和节奏感，主要以服装色彩为主。右边两个模特表现的服装与左边两盆大小不一的植被形成一种平面平衡关系，左边大植被成为觉重心。平面点线面的关系也简单明了。左边大植物渐变到小植物再到模特。

橱窗分析

优点：
a. 突出产品本身
b. 无背景，使卖场的空间感更大
c. 较符合品牌自然风格
问题：
a. 过于简洁、模特呆板
b. 品牌橱窗风格不明显
c. 卖场与橱窗间隔不明显
改进：
a. 可以给予橱窗一个空间感来塑造品牌形象
b. 利用灯光效果给予橱窗不一样的色彩
c. 可以利用鞋子和包包为橱窗作为吸睛点

店内陈列

区域陈列

入口陈列

中岛陈列

板墙陈列

橱窗陈列

店内陈列—区域陈列

BASIC HOUSE的店铺 陈列可划分
为两个组成：

第一部分为导入部分：包括店头、
pop板、出入口、商品陈列区、模
特展示区。

第二部分为服务部分：包括休息
区、收银区、试衣间、仓库区以
及部分商品陈列区。

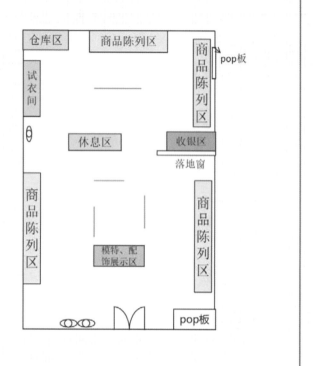

仓库区	商品陈列区	商品陈列区
试衣间		

pop板

休息区

收银区

落地窗

商品陈列区

商品陈列区

模特、配饰展示区

pop板

店内陈列—入口陈列

入口陈列的商品品类：搭配好的本季主
题款、配饰

店铺入口商品价格线：女装199元－599
元不等；配饰99元－299元不等

店铺入口的货架陈列方式与容量：以侧
挂与正挂相结合，人模展示

入口商品陈列方法：可以从进门看出三
个模特的位置呈现一种空间感，灯光分
配均匀，正挂与侧挂相结合，正挂的衣
服旁都有侧挂的衣服相呼应

店铺入口商品陈列细节：温馨的黄光搭
配着盆栽营造了整体的温馨感，绿色盆
栽的增加让人不至于视觉疲劳

图一:入口
图二:配饰展示
图三:入口右边
图四:入口左边

店内陈列—中岛陈列

BASIC HOUSE的店铺中岛商品分类：卫衣、外套 、休闲衬衫、裙子、长/短T恤、裤子

店铺中岛商品的价格线：159—1000元不等

店铺中岛货架陈列方式与容量：分商品品类陈列，例：外套与外套，其中有一些长T恤作为间隔

店铺中岛商品陈列手法：重复法、对称法

店铺中岛商品陈列细节：通过多元化的陈列设计使消费者有多样选择商品的余地，促进销售

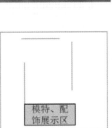

模特、配饰展示区

店内陈列—板墙陈列

店铺板墙商品分类：裙子、裤子、休闲衬衫、包

店铺板墙商品的价格线：199元—799元不等

店铺板墙货架陈列方式与容量：用正挂及侧挂陈列体现了服装搭配，每个正挂下都有着相对应的侧挂商品，便于消费者挑选

店铺板墙商品陈列手法：重复法、中心对称法

店铺板墙商品陈列细节：通过对货架的陈列，方便顾客对产品进行选取及购买

店内陈列—橱窗/形象主题关联

店内橱窗/形象主题关联区域、产品品类和价格线：产品品类和店头模特搭配，都为当季新款；在价格线上由于都为刚上新的款式，故无折扣，价格也维持在199元－1000元不等

店内橱窗/形象主题关联产品陈列道具与陈列手法：在店内入口处有当季新款的pop板，让顾客在外头一眼就能看到；在配饰上也有与当季相搭配的包、帽饰等，也与店内的pop板主题相关联

店铺陈列整体分析

优点：
a. 在颜色搭配上陈列得很好，素色搭配着亮色，既不会给人过分素淡又不会过于亮眼
b. 陈列格局清晰，陈列商品也较为宽阔不逼仄，给人以心理上的愉悦感
问题：
a. 在板墙设计上可加入多一些的配饰搭配，只有衣服搭配过于单调
b. 在板墙上可加入隔板与流水台的设计，而不仅仅采取落地架来展示商品
改进：
a. 可在板墙陈列上多下点功夫
b. 加强店员培训，强化店员的陈列意识

陈列维护

店面形象维护

店内形象维护

器架道具维护

照明与设备

店员形象

陈列维护—店面形象维护

店面硬件环境形象：
　　店面整洁，无杂物，器具整齐

店面商品形象：
　　橱窗简单，采取两个模特穿着当季上新产品，入口流水台搭配陈列，模特穿着整齐，商品摆放有序

陈列维护—店内形象维护

店内硬件环境形象：
地板无损坏，货架接口完好无损
墙面整洁无污垢
天花板无损坏没有安全隐患
试衣间门完好，凳子挂钩完好
店内灯具完好，无损坏灯具

店内商品形象：
店内商品按照类别、色彩放置搭配有序，
商品整洁

陈列维护—器架道具维护

陈列器架的形象维护：
货架无破损情况
店内pop板位置放置恰当，无污垢
和破损情况

陈列器架的功能维护：
没有发现松动或损坏的器具
器具功能完好

陈列维护—照明与设备

店铺灯光设备基础照明功能维护：
可以清晰真实地看清商品的色彩、
材质等

店铺灯光设备重点照明功能维护：
重点照明照射于VP位置上
无出现照灯晃消费者眼情况

店铺灯光设备装饰照明功能维护：
店铺无装饰灯照明，但有装饰灯的
物件作为摆设

陈列维护—店员表现

店员形象表现：
店员着装统一
对不买衣服的顾客态度颇有微词
店员间相互聊天且个别会玩手机

店员陈列表现：
吊牌有外露现象
货架上会有空衣架的情况

店铺陈列维护分析

优点：
a. 店面整洁，在照明上有主次的层序关系
b. 商品区域的划分较为明确
问题：
a. 货架上出现空缺的衣架
b. 店员聊天，整体店铺的维护意识较薄弱
改进：
a. 规范店员行为
b. 制定合适的绩效管理制度
c. 加强店员的陈列维护意识

Enjoy City Life

E N D

参考书目

［1］［韩］金顺九.视觉服装——终端卖场陈列规划[M].北京：中国纺织出版社，2007.

［2］汪郑连.品牌视觉陈列实训[M].上海：东华大学出版社，2012.

［3］凌雯.服装陈列设计教程[M].杭州：浙江人民美术出版社，2010.

［4］阳川.服饰陈列设计[M].北京：化学工业出版社，2008.

［5］杨大筠，田颖.陈列是门技术活[M].北京：人民邮电出版社，2013.

［6］孙雪飞.服装展示设计教程[M].上海：东华大学出版社，2008.